我的第 [**1**] 本后期书

从后期到后期

叶明 著

北京大学出版社

PEKING UNIVERSITY PRESS

前言

　　这是一本不一样的摄影后期书。它特别在哪里？简而言之，就是这本书想要与你分享的技能是——后期破译，即当我们看到一张照片的时候，就知道它是如何后期出来的。

　　当然，这并不是说我们知道原作者的具体后期步骤，而是说我们知道如何去达到这种画面效果，"条条大路通罗马"，我们只需要到达"罗马"即可，至于是不是走的作者那一条路并不重要。

　　掌握这门技能之后，我们再也不用去苦苦追寻那些日系教程、欧美风格教程、小清新教程等，只需要把相应的作品摆到面前，我们自己就是教程。

　　同时，如果我们能够学会去"反向破解"一张照片的后期，那么自然也就具有"正向创作"的能力，这二者是相互促进，相辅相成的。

　　那么我们该怎样习得这一项技能呢？那就必须得提到这本书的写作思路和体系安排了。

　　在这本书的第1章，我们将了解到各种各样的画面特征，以建立起庞大的后期数据库，这样才能做到知己知彼、百战百胜。在本书的第2章，我们将学习到许多基础后期工具的用法以及一些高级的修图技巧，以快速提升自己的修图功力，内功的修炼能够帮助我们达到融会贯通的境界，而不再拘泥于具体的画面效果。在本书的第3章，我们将使用我们修炼的内功，把第一章列举的典型画面特征一一破解，即获取这些典型画面特征后面的具体修图步骤，并将这些修图技巧为己所用。在本书的第4章，我们将通过具体的实战来感受"后期破译"的过程，从而更加完整的体验这个思维过程，也加深对前面所学知识的认识。在本书的第5章列举了一些常用的后期数据供读者查询。在本书最后的附录部分列举了许多非常有用的后期归纳，方便你随时查询和巩固前面学习的知识，以便熟记于心。

　　这些点点滴滴的后期技巧本来只是自己摄影工作中积累的一些小心得，后来越积累越多，就汇成了一本小册子，直到今天成为了一本书，当它出现在你面前的时候，这本身就是一件很有缘的事情。

　　因为本书题材和写作方式的特殊性，因此引用了大量开源图库，如Unsplash、Pixabay等网站的图片，在此一并向这些摄影师们表示感谢！最后希望这本书能够给你的摄影后期带来一定的帮助，也祝愿所有的读者能够在摄影世界里获得更多的乐趣。

摄影后期概述

基础后期知识

色彩基本属性

色相

含义	不同色相会引发不同的心理感受
一种颜色区分于其他颜色的首要标准	红色—激情、热烈 蓝色—冷静、清凉 绿色—舒适、平和

饱和度

含义	饱和度高低与人的心理感受
色彩的鲜艳程度	高饱和度—色彩刺激感更强，相对更能吸引人的注意力 低饱和度—色彩更加平和，相对更容易被人忽略

明度

含义	明度高低与人的心理感受
色彩的明亮程度	高明度—给人更加明亮、干净、轻快的心理感受 低明度—给人更加沉重、昏暗、压抑的心理感受

色彩模型

含义	RGB色彩模型
表示颜色的数学模型	加色—RGB色彩模型是基于加色的色彩模型 RGB含义—RGB表示红绿蓝的发光强度 作用—理解基础原理 —记忆色彩变化 —调整照片颜色

互补色理论

基础关系	应用
红色与青色 绿色与洋红色 蓝色与黄色	白平衡 调色 辅助记忆

精选后期插件

光效

Knoll Light Factory	Rays
用途—模拟光效 注意点—光源位置 　　　后续处理	用途—模拟丁达尔效果 注意点—光源位置 　　　结合蒙版

景深

Alien Skin Bokeh
用途—模拟移轴效果
　　—模拟景深效果
　　　·心型光圈等
　　　·旋转焦外
　　　·折返镜头
注意点—结合蒙版
　　　—注意渐变过程

调色

Alien Skin Exposure	Nik Software Color Efex Pro
用途—模拟胶片刮痕 　　—模拟胶片漏光 　　—模拟胶片颗粒 　　—调色	用途—滤镜

人像

Portraiture	Portrait Professional
用途—矫正肤色 　　—修复瑕疵 注意点—合理确定色彩范围 　　　—结合蒙版使用	用途—矫正五官 　　—调整皮肤 注意点—对于部分图片效果不好

堆栈

StarsTail
用途—模拟慢门
　　—合成星轨
　　　·多张合成
　　　·单张合成
　　—降噪
　　—分区调整
　　　·曝光
　　　·色彩

HDR

Photomatix Pro

重要后期思想

分区调整

含义	应用
将画面按照一定标准划分为不同的区域，然后分别对这些区域应用调整。	按颜色分—HSL 　　　　—可选颜色 　　　　—色彩范围 按曝光区域分—色彩平衡 　　　　—阈值 　　　　—高低光 按手动区域分—选区 　　　　—笔刷

D&B

含义	应用
利用变亮与变暗重构画面的光影关系	磨皮 重构光影—面部 　　　　—明度建筑

堆栈

含义	应用
将一组参考帧相似，但品质或内容不同的图像组合在一起	降噪 模拟慢门 合成星轨

后期软件的选择

摄影类软件	设计类软件
Lightroom，Polarr	Photoshop

后期手法反向破译路线图

曝光

低光缺失
画面效果—胶片感、空气感、陈旧、灰蒙蒙
如何识别—低光缺失直方图

逆光
画面效果—光效
如何识别—人眼识别

高光缺失
画面效果—安静、湿润
如何识别—高光缺失直方图

光芒感
画面效果—发光
如何识别—人眼识别

偏亮
画面效果—明亮
如何识别—直方图、平均亮度、视觉经验

细节丰富
画面效果—高光、阴影、中间调均拥有丰富的画面信息
如何识别—画面明处向暗处过渡时的平滑程度

偏暗
画面效果—昏暗
如何识别—直方图、平均亮度、视觉经验

D&B
画面效果—光影效果突出
如何识别—人眼识别

均衡
画面效果—正常
如何识别—直方图、平均亮度、视觉经验

色彩

主色调
冷色
暖色
其他色调

色偏

分布区域
阴影
高光
中间调
全局
渐变映射

饱和度
高饱和
正常
低饱和
黑白

单色

表面特征

星球特效
丁达尔
心形光圈
多重曝光
爆炸星空
莫奈云
暗角
刮痕
漏光
……

质感

清晰度
锐化—半径更小、画面变化更细腻

后期识别体系

直方图

RGB直方图
低光缺失—胶片感、空气感、陈旧、灰蒙蒙
高光缺失—安静、湿润
左峰—昏暗
右峰—明亮
三角形—HDR
矩形—HDR、亮度分布均匀、细节丰富

明度直方图

通道直方图
阶梯直方图—三个通道直方图分布
呈现出阶梯状
参差直方图—三个通道直方图分布
呈现出参差状

混合模式

变暗
效果—让画面变暗，会产生新颜色
应用—渲染天空色彩

深色
效果—让画面变暗，不会产生新颜色
应用—渲染天空色彩

变亮
效果—让画面变亮，会产生新颜色
应用—渲染阴影色彩

浅色
效果—让画面变亮，不会产生新颜色
应用—渲染阴影色彩

正片叠底
效果—让画面变暗的同时渲染画面色彩，
会让画面色彩有一种贴在表面的感觉。
应用—复制图层，让图片变暗
　　　—色彩层·渲染色彩

滤色
效果—让画面变亮的同时渲染画面色彩，
会让画面色彩有一种浮在表面的感觉。
应用—复制图层，让图片变亮
　　　—色彩层·渲染色彩
　　　—多图层·多重曝光
　　　—高斯模糊·发光效果

柔光
效果—如果填充的颜色较亮，就可以让画
面变亮。如果填充的颜色较暗，就可以让
画面变暗，它会让色彩融合到画面里面
应用—复制图层·提高图片对比度
　　　—色彩层·渲染色彩
　　　—中性灰图层·重塑光影

颜色
效果—利用色彩层的色相饱和度，原图层
的明度来生成最终图像
应用—渲染色彩

色相
效果—利用色彩层的色相，原图层的明度
和饱和度来生成最终图像
应用—渲染色彩

明度
效果—利用色彩层的明度，原图层的色相
和饱和度来生成最终图像
应用—传递明度信息

饱和度
效果—利用色彩层的饱和度，原图层的
色相和明度来生成最终图像
应用—传递饱和度信息

重要基础工具

色阶

浮标1
低光拉伸曲线

浮标3
高光拉伸曲线

浮标2
Gamma
向左拉动—让画面呈现出更多细节
　　　　—日系
向右拉动—让画面更加通透
　　　　—欧美系

浮标4
低光压缩曲线

浮标5
高光压缩曲线

曲线

RGB曲线
提亮曲线—让画面更明亮
压暗曲线—让画面更昏暗
高对比—提高画面对比度
低对比—降低画面对比度
低光压缩—让画面有空气感、胶片感
高光压缩—让画面更安静、湿润
低光拉伸—降低画面亮度的同时提高画面的对比度
高光拉伸—提高画面亮度的同时提高画面的对比度
直角曲线—适用于欧美风格后期
复合曲线

绿色曲线
提亮曲线—为画面增加绿色
压暗曲线—为画面增加洋红色
S曲线—为高光加入绿色，阴影加入洋红色
反S曲线—为高光加入洋红色，阴影加入绿色
低光压缩—为画面增加绿色，初期对阴影影响更剧烈
高光拉伸—为画面增加绿色，初期对高光影响更剧烈
低光拉伸—为画面增加洋红色，初期对阴影影响更剧烈
高光压缩—为画面增加洋红色，初期对高光影响更剧烈

红色曲线
提亮曲线—为画面增加红色
压暗曲线—为画面增加青色
S曲线—为高光加入红色，阴影加入青色
反S曲线—为高光加入青色，阴影加入红色
低光压缩—为画面增加红色，初期对阴影影响更剧烈
高光拉伸—为画面增加红色，初期对高光影响更剧烈
低光拉伸—为画面增加青色，初期对阴影影响更剧烈
高光压缩—为画面增加青色，初期对高光影响更剧烈

蓝色曲线
提亮曲线—为画面增加蓝色
压暗曲线—为画面增加黄色
S曲线—为高光加入蓝色，阴影加入黄色
反S曲线—为高光加入黄色，阴影加入蓝色
低光压缩—为画面增加蓝色，初期对阴影影响更剧烈
高光拉伸—为画面增加蓝色，初期对高光影响更剧烈
低光拉伸—为画面增加黄色，初期对阴影影响更剧烈
高光压缩—为画面增加黄色，初期对高光影响更剧烈

可选颜色

表面特征	色彩
曝光	**主色调** 色温、色调、混合模式
直方图 低光缺失—低光压缩曲线 高光缺失—高光压缩曲线	**分布区域** 通过直方图判断 阶梯状—混合模式、通道曲线 参差状—混合模式、通道曲线 通过视觉经验判断
整体亮度 偏亮—曲线、曝光、Gamma、混合模式 偏暗—曲线、曝光、Gamma、混合模式 均衡	**饱和度** 饱和度工具
细节 Gamma、高低光、HDR、分区调整	**色偏** 色相工具、饱和度工具、HSL工具
特效 逆光—插件 光芒—混合模式 D&B—加深减浅、双曲线、中性灰	**质感** 清晰度、锐化

观察图片的顺序

后期模拟体系

操作顺序　　曝光　色彩　表面特征　低光/高光压缩曲线

如何拾取颜色　　观察通道直方图　根据色彩经验　用拾色工具拾取颜色

目 录

第1章 创建自己的数据库 / 1

暗角 / 2

低光缺失 / 3

主色调 / 6

色偏 / 8

高光缺失 / 10

模糊 / 12

高对比 / 14

HDR / 15

色温 / 18

单色 / 19

亮度 / 20

胶片颗粒 / 22

物理刮痕 / 22

饱和度 / 22

漏光 / 23

多重曝光 / 24

长曝光 / 26

星轨 / 27

微缩模型 / 30

丁达尔 / 31

心形光圈 / 32

倒影 / 32

星球特效 / 33

D&B / 33

中性灰 / 35

双曲线 / 36

逆光 / 36

日系 / 37

欧美系 / 38

素描 / 39

莫奈云 / 39

第2章 修炼后期内功 / 40

直方图 / 41

曲线工具 / 46

色阶工具 / 55

Gamma值工具 / 58

混合模式 / 61

可选颜色 / 82

堆栈 / 96

分区调整 / 100

第3章 达成效果的方法与步骤 / 109

实战：暗角 / 110

实战：低光缺失 / 111

实战：主色调 / 112

实战：色偏 / 117

实战：高光缺失 / 120

实战：模糊 / 120

实战：高对比 / 125

实战：HDR / 126

实战：色温 / 144

实战：单色 / 145

实战：亮度 / 146

实战：胶片颗粒 / 146

实战：物理刮痕 / 147

实战：饱和度 / 148

实战：漏光 / 151

实战：多重曝光 / 152

实战：长曝光 / 158

实战：星轨 / 160

实战：微缩模型 / 168

实战：丁达尔 / 171

实战：心形光圈 / 174

实战：倒影 / 176

实战：星球特效 / 180

实战：D&B、中性灰、双曲线 / 185

实战：逆光 / 194

实战：日系 / 196

实战：欧美系 / 200

实战：素描 / 203

实战：莫奈云 / 206

第4章 征服星辰大海 / 208

夏日风格 / 209

小清新风格 / 216

暗黑风格 / 224

欧美风格 / 229

潮湿风格 / 237

蓝调风格 / 241

逆光风格 / 246

暗光海洋 / 250

明度建筑 / 255

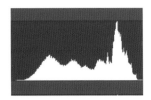

第5章 后期数据库 / 261

可选颜色查询表 / 262

曲线查询表 / 265

直方图查询表 / 271

混合模式查询表 / 273

附录：常用后期术语 / 275

第1章 创建自己的数据库

  本章我们将学习如何去观察一张照片的画面特征，以及认识和记忆一些特殊的画面特征，如多重曝光、物理刮痕、爆裂星轨等。

  只有当我们充分把握一张照片的画面特征后，我们才能去有效"破解"这张照片的后期风格。有些画面特征是非常容易识别的，如星球特效；有些画面特征却很难直接观察出来，如高光缺失。通过本章的学习，我们就需要做到既能够挖掘出一张照片的表面特征，也能够挖掘出它的潜在特征，从而为我们后面的学习打下基础。

暗角

　　暗角是很好判断的一个画面特征。一般而言，我们只需要观察画面四角是否变暗即可。实际上更需要我们思考的问题是为什么要给照片增添暗角，其实增添暗角的最大好处是可以让画面的焦点更加集中，从而使拍摄主体更加突出。暗角是由于早期镜头的生产工艺不成熟，不能有效地控制进光而产生的一种光学缺陷，久而久之，这种缺陷反而成为一种独特的美，演变成现代摄影所追求的一种效果。

　　还有一种暗角我们称为反相暗角，又称为亮角。所谓反相暗角，其实就是指照片四角变亮了，相当于给照片的四周加上了白色的角。反相暗角的作用是可以为照片营造更加纯净的氛围，从而让照片整体更加明亮，有时还可以用于打造梦幻氛围。

这是正常图片。

这是暗角效果图。

这是反相暗角效果图。

低光缺失

低光缺失这个画面特征也是比较容易识别的。所谓低光缺失，就是指画面中没有了纯黑的区域（有相对黑的区域），画面整体给人的感觉就像是蒙上了一层空气一样。我们经常所说的空气感就与低光缺失有着千丝万缕的联系，如果你看到图片空气感很强，或者胶片感很强，那就一定要留意是否具有低光缺失的特征。对于低光缺失的识别，我们可以直接通过人眼去观察，也可以借助工具去识别。

一、人眼识别

当你发现画面中本应该是黑色的地方变成了灰色，或者感觉照片整体像是蒙上了一层空气，那么就应该考虑低光缺失这个后期特征。

如这张照片，它的画面中就不存在纯黑的部分，画面中最左侧的柜子阴影处并不是黑色，而是灰色，因此整个画面有一种空气笼罩的感觉（或者说灰蒙蒙的感觉），从而也拥有了一种独特的胶片质感。

再如这张照片。这张照片中原本应该是黑色的物体，例如，人物的头发、袜子等，这时候却不是黑色的，整个画面给人一种强烈的光线感，这也是低光缺失的典型特征。

二、工具识别

前面讲述了人眼识别，但是对于一些图片，我们的眼睛能够起到的作用就比较有限了，因为有的照片虽然十分通透，但实际上还是具有低光缺失特征的，这时候就可以借助工具的力量。

在这里给大家介绍两个识别低光缺失特征的工具。

1.直方图

我们可以通过观察直方图来识别图像是否有低光缺失特征。当你观察直方图时，如果发现直方图的最左端没有像素，就可以判定这幅图片是有低光缺失特征的。这是非常简单有效的一个方法，也是判断低光缺失特征最重要的手段。

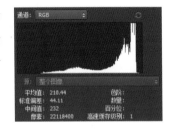

这张直方图的最左端没有像素，因此这个直方图对应的图片具有低光缺失特征①。通过后面的学习，我们会对这样的直方图非常敏感，识别出这个特征对于模拟某些后期效果有着十分关键的作用。

2.色阶工具

色阶工具里面有一个设置黑场工具，它的作用是把你点击的点定义为黑色，从而使画面整体的亮度发生变化。

色阶工具的使用方法很简单，只需要在画面中点击你认为应该是黑色的物体，如头发、暗处等，这时候画面会根据你的点击产生相应的变化，当你能够明显感知到这个变化时，就说明画面是有低光缺失特征的。

---

① 有的图片我们将直方图高速缓存级别降为最低时，最左端会出现少量像素，但这种情况我们一般忽略不计，也认为具备低光缺失特征。

例如，右图中左边的树木就被从绿色调成了红色，从而让山林形成了一个渐变效果，具有非常梦幻的效果。

三、黄色转绿色

黄色转绿色是使用频率非常高的色彩转换组合，这个组合可以使画面更有活力，色彩更加鲜艳，它在调节树叶、草地、森林等场景时有独特的优势。

例如这张照片里面的草地，利用可选颜色工具选中黄色，然后进行色彩调整。

这时候画面中的草地就由黄色转换为绿色。这种色偏就称为"真实色偏"，也就是说我们直接看到下面这张图片的时候，也不会觉得图片发生了色偏，但是下面这张图片相对于原图则已经发生色偏了。

"真实色偏"主要用于修正画面的色彩、通透画面、增强表达效果等。当看到一张照片中的森林非常青翠时，我们并不知道这种青翠是树木本身的色彩，还是摄影师后期调整的，于是推断这是后期调整出来的，因此必须得知道如何通过后期达到这种效果，这是我们学习"真实色偏"的意义所在。

四、青、蓝、紫三色互相转换

这三色的转换主要用于天空和湖水的处理，青色的天空给人一种雨后的清新、干净的感觉，蓝色的天空给人一种晴朗、清澈的感觉，而紫色的天空则多了一份浪漫与神秘。

这三种颜色的转换主要通过可选颜色工具完成，我们可以根据照片的场景和需要表达的效果来选择具体的色彩转换。

关于色偏转换的操作，在第2章的"可选颜色"一节会有很详细讲述。

高光缺失

什么叫高光缺失？高光缺失就是指画面中没有纯白的区域（有相对白的区域）。对于这个画面特征，最好的识别方法就是直方图，打开直方图，如果直方图最右端没有像素[1]，那么就可以认定这张照片是具有高光缺失特征的。

当一张照片中没有纯白区域时，整个画面就会显得圆润而不突兀，我们可以借助这个特性营造出一些忧郁、安静的氛围，结合阴天、雨天等画面将会有更好的表达效果。

我们来看下这张图片。

---

[1] 有的图片我们将直方图高速缓存级别降为最低时，最右端会出现少量像素，但这种情况我们一般忽略不计，也认为具备高光缺失特征。

一眼看上去可能看不出它与正常图片的区别，它的直方图是这样的。

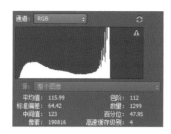

可以看到直方图的最右端是缺乏像素的，也就是说画面中没有纯白的部分，因此没有较强的刺激感，给人的感觉会比较安静。同时，高光的缺失也会让画面有一种湿润的感觉。

这就是高光缺失带来的画面效果。

我们再看一下原图来进行对比。

| 模糊

　　模糊的种类有很多，例如，高斯模糊、动感模糊、径向模糊等类型，它们的识别还是相对比较容易的。

高斯模糊

　　高斯模糊会让画面产生一种毛玻璃的效果。高斯模糊很少单独使用，它一般结合混合模式使用，例如，高斯模糊+滤色混合模式。

这是照片原图。

高斯模糊效果
后的图片。

高斯模糊+滤色混合模式

复制原图层，然后对复制图层应用高斯模糊效果，再把应用高斯模糊效果的这个图层的混合模式改为"滤色"。

由右图可以看到，画面不仅变亮了，而且有一种光芒感。这个组合经常用于人像的调整，可以很好地渲染人像照片的光照。

动感模糊

动感模糊的画面特征是会存在某个方向的像素迁移。它一般也不会单独使用，更多的是结合蒙版使用，也就是只让画面部分区域产生动感模糊的效果。

例如，右面这张照片只让动感模糊效果应用到云层。

径向模糊

径向模糊会存在一种视觉上的冲击感，它与动感模糊的区别在于它有一个中心点，画面以该点为中心向四周模糊。

径向模糊会产生一种在拍摄过程中变动焦距的画面效果，画面具有很强的冲击力和拉伸感，一般用于体现速度，例如，拍摄赛场的照片。

高对比

高对比就是指画面的明暗对比强烈。高对比的识别方法是画面细节是否丰富和中间调的过渡是否平滑，如果画面的细节不丰富，例如，有很多地方的细节都缺失了，那么对比度是比较高的，还有就是观察中间调的过渡，也就是灰色的过渡是否平滑。

高对比可以消灰，也就是让画面更加通透清晰，但这种消灰的结果是影响了画面的细节表现力，不过有时候需要通过一种高对比来表达一种特殊情绪。同时，高对比在表现某些光影场景时也有独特的优势，例如，剪影场景等。

这是照片原图。

提高对比度后，可以看到，画面显得更加通透，但是细节也相对缺失了（例如，这时候右下角水面过渡的细节就比较难观察到了）。

| HDR

所谓HDR（High Dynamic Range，高动态范围），可以简单地理解为，就是把几张不同亮度的照片合成为一张照片。

对于HDR的识别，要紧紧把握一个最基本的原则：HDR就是拓展画面的动态范围，纵然HDR有很多种表现形式，但是其核心要素是让画面中高光和阴影的细节都得以展现。

我们知道，相机的宽容度是有限的，在拍照的时候经常会遇到这样的状况：天空的曝光正常了，地面黑乎乎一片；地面的曝光正常了，天空又变成白花花一片了。有时候我们可以通过中灰渐变镜来解决这个问题，但是中灰渐变镜有一个比较大的限制就是，它的画面效果是线性的，如果拍摄的是上图这种具有水平线的场景，它的效果会很棒，但是如果拍摄的物体没有水平线，而是不规则的边缘（如下图所示），中灰渐变镜就无法胜任了，这时候就需要HDR来帮助我们拓展画面的动态范围。

对于HDR的合成，有如下几种方式。

一、单张JPG方式

我们拍摄一张JPG格式的照片，然后将其导入到修图软件里面，分别提亮、调暗一张，再导入到HDR软件里面合成（有的HDR软件可以自动完成提亮、调暗的操作）。

优点：简单快捷，适用范围广。

缺点：质量不高。

二、单张RAW方式

我们拍摄一张RAW格式的照片，然后输出为几个不同曝光度的JPG照片，再导入到HDR软件里面。有的软件也直接支持RAW格式解析，例如，Photomatix Pro。

优点：简单快捷，适用范围广，比单张JPG方式质量高。

缺点：如果相机的宽容度不高，质量会比较差。

三、多张合成

在同一个地方连续拍摄几张不同曝光度的照片，然后导入到HDR软件里面合成。

在具体操作中，有以下几个方面需要注意。

1. 使用三脚架

三脚架可以有效增强图像的稳定性，如果手持相机的话，很难合成高质量的HDR图像。

2. 控制好曝光

一般而言，我们需要3~5张不同曝光度的照片，每一张照片之间间隔1~1.5挡为佳。

3. 使用包围曝光

在有些场景里面，有的物体运动得比较快（例如，高风速下的云），如果每拍摄一张就调整一次参数，可能导致图像无法完全重合，因此合成的效果较差。这时候可以选择包围曝光，这样可以有效地缩短操作时间。

优点：质量出众。

缺点：操作烦琐，且适用的场景受限制（例如，高速运动场景通过这种方式拍摄就比较困难）。

色温

色温这个后期特征很好观察，如果一张照片整体偏蓝色，那就是冷色调；如果一张照片整体偏黄色，那就是暖色调。

当色温发生变化时，人的心理也会随之发生变化。冷色是收缩色，对应的是清凉、安静、寒冷等，因此许多日系作品都会选择冷色温，以表达一种宁静的氛围。暖色是扩张色，对应的是温暖、热情、燥热等，在后期处理时引入色温来表达情绪是很好的选择。

冷色效果图。

暖色效果图。

单色

单色这个后期特征十分容易识别，所谓单色图片，就是指整张图片是由一种颜色构成的，画面只存在亮度的变化，不存在色相的变化。

例如，这一张图。

这张照片不是黑白图片，因为画面中存在棕色。但它也不是彩色照片，因为画面中只拥有棕色这一种颜色，这就是单色照片。

我们可以借助单色照片去表达一些特殊的情绪，例如，利用棕色的单色照片可以传达出一种复古的效果。为了更好地应用单色效果，我们有必要掌握不同色彩对人们心理层面的不同影响。下面列举一些常见的典型色彩供大家参考。

黑色：严肃、权威、低调、防御型色彩。当画面中的黑色增多的时候，整个画面会显得更加严肃，适合表达男性、沉稳等主题。

灰色：沉稳、舒适、安全感。摄影中的高级灰其实就是灰色的运用，它可以让整个画面的色调显得比较统一，给人一种舒适感。

白色：纯洁、轻盈、淡雅。当画面中的白色部分增多时，整个画面会变得更加轻盈，适合去表达美好的事物。

棕色：安定、沉静、回忆。棕色是一种安定的色彩，大面积地运用棕色可以给观众较强的安定感，同时，棕色还是一种复古色调，能够用来表达回忆、历史感、陈旧感等主题。

红色：热情、自信、张扬，红色是攻击性很强的色彩，在画面中使用红色可以迅速地集中人的视觉焦点，并让人感到兴奋。

粉红色：温柔、甜美、浪漫，粉红色一般用于表现儿童、少女、美好等主题，粉红色给人的视觉感受是柔美的，可以安抚浮躁。

橙色：活力、扩张色、攻击色。橙色能够很快地吸引人的目光，画面中的橙色物体能够迅速抓住人的视觉焦点。

黄色：热情、开放、燥热、激动、不稳定。黄色一般用于表达激情、热情，例如，运动场、夕阳日落、晚霞等场景。

绿色：舒适、活力、安全。绿色色调一般用于表现自然风景和舒适感。

蓝色：冷却、放松、收缩。蓝色一般用于表现寒冷、宁静，蓝色还可以给人一种轻松的感觉，在日系摄影中有较广泛的运用。

紫色：优雅、浪漫、神秘。紫色在自然界中较为少见，所以被称为高贵、神秘的色彩，例如，我们可以利用紫色来表现女性的成熟之美。

亮度

亮度这个画面特征是很容易在主观上感受到的。在观察这个特征时，并不需要十分准确地识别亮度信息，只要能够大致识别出这幅图的亮度是偏亮还是偏暗即可，一般需要结合直方图进行判断。

在平面设计中，一般用白色来代表轻薄、干净，用黑色来代表厚重、质感，同样面积大小的圆，黑色会给人更重的感觉，这是人的视觉经验产生的结果。

那么，运用到摄影之中，当我们提高画面亮度，营造一种曝光过度的感觉时，整个画面给人的感觉是轻盈、干净的，从而营造一种舒适、宁静的氛围。与之相对应，当我们降低画面亮度，制造一种曝光不足的感觉时，整个画面给人的感觉是压抑、沉重的，这可以用来营造一种凝重、严肃的氛围。

　　例如，这张照片采用了大面积的暗光，画面的整体亮度很低，整体给人的感觉是比较严肃而深沉的。

　　这张照片则采用了大面积的留白，画面整体的亮度偏高，整体给人的感觉是平和、轻松而舒适的。

胶片颗粒

胶片颗粒这个画面特征的识别比较简单，一般通过放大画面，观察画面是否有颗粒感即可。

通过给照片增添胶片颗粒，可以更好地模拟胶片的效果，同时让画面的质感更强，它可以让画面从视觉上显得更加干燥，从而具有一种物理上的质感。

物理刮痕

物理刮痕这个画面特征的识别也很简单，只需要观察画面中是否存在刮痕即可。这种物理刮痕存在的意义在于营造一种实物的感觉，从而让画面显得更有质感，在某种程度上也能营造一种陈旧的氛围。

饱和度

饱和度也是比较容易识别的一个后期特征，它表现出来就是画面的鲜艳程度，画面越鲜艳，其饱和度就越高。我们在识别饱和度的时候，只需要观察画面大致属于高饱和、正常饱和还是低饱和即可，并不需要十分精确。

我们知道，一种颜色的纯度越高，其色彩就越鲜艳，就越能吸引人的视线。所以，如果多个高纯度的色彩聚集在一起，会给人纷繁复杂的感觉，同理，颜色纯度越低，其越平和，越不具有攻击性，从而给人一种安静的感觉。

所以说，我们需要在后期中识别照片的饱和度，一般而言，饱和度越高，画面越鲜艳，色彩越饱满，整个画面越活跃，画面的不安定感越强。

同理，较低的饱和度，画面灰色增多，看起来更加宁静、平稳，适合表达雅致的场景，例如，日系摄影里面就有大面积的低饱和应用。

例如，这张照片里面红色的饱和度就比较高，从而能够很好地吸引人的注意力，整个画面的攻击性也较强。

漏光

漏光也是比较容易识别的一个后期特征，它是基于胶片的一种特殊现象而衍生出来的画面特征。漏光一方面可以活跃画面的色彩，另一方面可以营造胶片质感，还可以营造一种陈旧的氛围。

多重曝光

多重曝光的效果还是很容易识别的，就是在一张照片中出现了多种不同景物的交融，包括物与物的交融，人与物的交融，人与人的交融。

多重曝光起源于胶片时代，在胶片机上面是一种比较"高端"的功能，具有很高的可玩性。随着数码摄影的兴起与发展，多重曝光效果更多地依赖于后期来进行处理，虽然后期处理的可控性更高，可以玩的花样也更多，但是相对于胶片机，后期合成还是少了一些灵动。

只要我们使用相同的后期操作，就可以得到两张完全一样的多重曝光效果，但是用胶片机拍摄多重曝光效果时，即使使用完全一样的参数，拍摄完全一样的景物，采用完全一样的位置，最后呈现出来的效果都会因为物理和化学变化的随机性而呈现出不同的效果，这也是胶片多重曝光的魅力之一。

特别是胶片机并不能即时预览拍摄效果，对画面最终效果的判断完全基于自己的经验，因此，当相片被洗出来时会有一种莫名的期待和激动。

多重曝光在胶片机时代有很多种玩法，最简单的是单纯的叠加，这种玩法就是将两处及以上没有关联的景色，或者同一地方但不同时段的景色，通过两次或多次曝光，投射到同一个底片上面。它操作简单，但是需要一定的经验去判断景色融合的效果，否则可能更多的是凭借运气。还有焦距曝光，就是将两个及以上不同焦距拍摄的景色，通过多次曝光映射到同一个底片上面。如果针对的是同一个物体，画面会存在比较强烈的动感和眩晕感；如果是不同的物体，不同焦距的融合能够很好地丰富画面内容，画面感会很强。当然，多重曝光还有很多其他玩法，能够做出非常丰富的画面效果。

在使用胶片机拍摄多重曝光效果的时候，一般而言，第一次拍摄的景物不宜有大面积的高光区域，例如，天空就不太适合，因为亮度太高会让第二次曝光拍摄的景物无法与第一次拍摄的景物融合，从而无法很好地实现多重曝光的效果。

个人拍摄的时候比较喜欢第一次曝光"造形态"，第二次曝光"涂色彩"。

简言之，比如想表达以树为主题的多重曝光效果，第一次会拍树干（树干的亮度比较低），制造一个大概的轮廓和骨架；第二次会拍树叶，通过树叶分裂的形态和绿油油的色彩，去灵动画面的色彩。

再比如，想拍摄一张以花为主题的多重曝光效果，第一次会拍一个女孩的背影（人的背影和头发的亮度都比较低），制造一个轮廓，然后第二次去拍花，涂抹画面的色彩。

当然，在数码摄影时代，有了更大的自由度，我们可以将随意的两张照片按照自己的喜好组合到一起，在轮廓与色彩上也有了更多的组合可能。

长曝光

长曝光这个画面特征还是比较容易识别的。

长曝光就是光线与感光元件长时间接触的过程，其呈现出来的画面效果主要是动感化或者流水化。

所谓动感化，例如，长时间曝光的云，因为近处的云和远处的云在一个固定位置观察时，它们的移动速度是不一样的，所以说会呈现出一快一慢的视觉效果，进而给人一种动感。

所谓流水化，例如，长时间曝光的水，长时间曝光的湖面，长时间曝光的夜景，它们的特点是画面变得很柔，就像水一样。

有很多场景都是通过长曝光来表达的，例如，光滑的水面，如丝的流水，明亮的夜景，绚丽的星轨，长长的车灯等。

我们知道，一张照片达到一个合理的明亮程度时，需要的曝光量就是正常的曝光量，曝光量主要是由光圈、快门速度和ISO决定的，如果我们需要快门速度足够慢，那么光圈就要足够小，ISO就要足够低。但是在白天拍摄的时候，光圈缩得再小，快门速度依旧很快，同时，光圈过小也会导致画质下降。为了解决这个问题，减光镜应运而生。通过减光镜，我们在白天也可以拍出长曝光的效果。

后期在模拟长曝光效果的时候，也主要是从这几个方面切入。

星轨

　　星轨就是星星的运动轨迹，其画面特征是在画面中呈现出弧形或者圆形的光线轨迹，当然还有升级版本的放射状、彗星状等光线轨迹。

星轨可以直接拍出来，也可以通过后期合成出来。

如果要直接拍摄的话，需要着重注意以下几个方面。

一、光污染

光污染来源于两方面，一是地面的光污染，二是天空的光污染。

我们在城市里之所以看不见星空，大气污染是一方面，另一方面也是因为城市的夜晚总是灯火通明，光污染很严重，自然就无法看见星空了。所以说如果想拍摄星轨，最好去远离城市的地方，一是空气通透度会更好，二是光污染也会小一些。

天空的光污染主要来自于月亮，如果把星空和月亮放在一起拍摄，因为月亮的亮度太高，星星的亮度会被掩盖，自然也就很难拍出星轨了。所以说在拍摄星轨的时候要避开月亮，一般而言，农历月初拍摄星轨是比较合适的时机。

二、曝光时间

一般而言，拍摄星轨需要曝光半小时到几小时不等。现在有两种拍摄星轨的方式，一种是单次拍摄，另一种是多次拍摄。

单次拍摄就是直接一次曝光半小时到几小时。

多次拍摄就是一次只曝光20s到1min左右，然后连续拍摄几十张甚至几百张，最后通过后期软件进行合成。虽然这种方法最后要依靠软件后期合成，但是其合成出来的星星轨迹是真实的，这与后面所讲的通过单张照片合成星轨是两回事。

对于两种方法，有着不同的优劣。

第一种方法拍摄出来的星轨连续性非常好，即使放到最大看，也不会出现星轨断裂的现象，并且不需要依赖再加工，可以直接出片，最后出来的照片只有一张，节省存储空间等。

但是其缺点也很明显，就是长时间曝光会导致画面的噪点增多，画质下降。

第二种方法的优点很明显，因为最后的效果是通过每一张曝光1min左右的照片合成的，所以最后合成出来的照片的画质会很好。

其缺点也很明显，那就是如果时间把握不好，星轨会有断裂，会占据较大的存储空间，并且需要进行大量的后期加工。

大家可以根据自己的需要对这两种方法进行选择。

三、对焦方式

如果你的数码相机对焦性能很好，可以对着天空中比较明亮的星星用自动对焦进行对焦，合焦之后，再切换为手动对焦，或者记下对焦标尺的位置。如果你的数码相机带有实时取景功能，可以把画面放到最大，然后把对焦方式切换为手动对焦，再转动对焦环。也许你无法根据画面来判断是否合焦，但是可以根据星星的相对清晰程度来判断，当画面由相对模糊变得相对清晰，然后又变得模糊时，中间那一个点就是合焦的点。如果你的数码相机这些功能都没有，可以把对焦环转动到无限远，然后往回转动一下也可以。

四、画面选择

如果把北极星放进画面里面，星轨就是同心圆形态；如果不把北极星放进画面里，星轨就是圆的一段弧形，因此可以根据自己的需要决定是否把北极星放进画面。

另外，拍摄星轨的时候，如果可以的话，建议尽量加上前景，因为这是交代环境的重要画面元素，否则大家拍摄的星轨就完全一样了。

同时，地球自转一周是24h，也就是说要拍出一颗星星的圆的轨迹需要24h，如果我们曝光1h，那就是对应1/24个圆，而半径越大的同心圆，同样是1/24个圆，它走过的路径会越长，所以说，如果想在短时间内拍摄出更长的星轨，就应该让镜头的取景区域离北极星越远。

　　微缩模型画面特征的识别比较简单，就是照片中的画面看起来给人一种模型的感觉。这种摄影作品是利用移轴镜头拍摄的，通过调整移轴镜头的倾角，使画面的焦平面发生变化，产生部分合焦的效果，从而在视觉上产生一种模型的感觉。像这种通过调整移轴镜头的倾斜角度，使得拍摄主体只有一部分合焦的手法叫做"反向移轴"。

　　移轴镜头是非常专业的镜头，"移轴"的英文是Tilt&Shift，Tilt的意思是倾斜，Shift的意思是移动，所以说移轴镜头其实就是可以倾斜和移动的镜头。

　　所谓可以倾斜，就是指移轴镜头前面部分可以上、下、左、右地倾斜，产生倾角。

　　所谓可以移动，就是指卡口前面的镜头部分可以上、下、左、右地平移，产生位移。

　　那么移轴镜头有哪些用处呢？

1. 可以用来修复建筑物的失真

　　我们知道，正常情况下，拍摄建筑物的时候，因为近大远小的关系，整个建筑物会出现比较明显的失真，这时候如果移动移轴镜头卡口前面的部分（拍摄建筑物一般是向上移动），就可以修正这种失真，从而使建筑物的上下保持一致。

2. 可以拍摄全景照片

我们可以通过左右平移移轴镜头，拍摄更广视角的摄影作品，并且不会产生使用三脚架拍摄全景时的失真效果。

3. 可以摆脱一些拍摄场地的限制

例如，我们在拍摄镜面时，如果不希望数码相机出现在镜子里面，就可以通过移动移轴镜头实现拍摄到镜面的同时又不出现数码相机的画面效果。

这里只是列举了移轴镜头的部分用处，它还有很多其他的应用，例如，在倾斜面合焦等。

同时，因为移轴镜头的成像圈比普通镜头大得多，所以在不进行倾斜和移动时，它的光学性能是很高的，成像质量也非常不错。

丁达尔

丁达尔画面特征的识别十分容易，如果画面中有比较明显的散射光，那就是丁达尔效果。

丁达尔效应又称为"上帝之光"，因为这像是从天上延伸下来的一条道路，一般为摄影师所追逐。

丁达尔效应一般多出现于凌晨与傍晚，多雾或者尘埃比较多的时候尤其明显。

丁达尔效应一般可遇而不可求（实际上是可以人工制造的，现在有些摄影景区为了达到良好的拍摄效果，故意燃烧烟饼，这样就很容易出现丁达尔效应，但这一般是小范围的制造），所以能够碰到丁达尔效应是十分幸运的。

心形光圈

心形光圈画面特征的识别比较简单。所谓心形光圈，就是指焦外的形状呈现出心形，在识别的时候只需观察这个特征即可。

正常情况下，焦外的光斑一般是圆形的，因为镜头是圆的，那么，什么情况下焦外的光斑会呈现出心形呢？当镜头是心形的时候。

但我们也知道，镜头不可能是心形的，那么该如何处理呢？这时候在镜头前面加上一个心形的挡板就可以了。我们可以用硬纸板抠出一个心形的洞，然后放在镜头前面，这时候拍摄出来的照片就是心形的了。

同理，如果这个洞是方形的，那么焦外的形状就是方形；如果这个洞是三角形，那么焦外的形状就是三角形。

如果你觉得这个洞不好挖，或者说挖得不好看，可以到网上购买相关的配件。

倒影

倒影是大自然中非常常见的一种自然现象，它可以加强画面的对称性，从而让画面的构图更加平稳，给人一种对称美。

在倒影摄影中，有一个非常重要的技巧，那就是当你的镜头越贴近水面，呈现出的倒影强度就会越强，也就能营造更强的对称感。

星球特效

星球特效画面特征的识别很简单，就是画面中出现了一个球体，像一个漂浮在宇宙中的地球一样。这种效果能够给人一种十分夸张的视觉感受，当我们将周围熟悉的景物用这种方式表现出来时，会有一种全新的感觉。

D&B

　　有时候经常会看到一些摄影作品的光影效果十分突出，画面的质感十分强烈，不同于我们常见照片的光影效果，这时候就得考虑D&B这个画面特征了。

　　D&B的英文全称是Dodge & Burn，直译成中文就是减淡和加深。

　　简而言之，就是通过后期手段人为地重塑画面光影分布。对于个人而言，我觉得这是比较准确的描述。

　　提到D&B，就不得不提到中性灰和双曲线。

　　D&B是一种后期思想，而中性灰、双曲线是它的具体手法。

　　D&B的本质是通过减淡（增加光）和加深（减少光）来改变画面的光照分布。

　　我们知道，画面的光影信息是人们判断物体形态、距离大小等要素的重要参考标准。当一束光从右边打过来，如果在一个物体的左侧出现了阴影，就可以借此判断这个物体的大小、高度等信息。同理，如果修改画面的阴影，那么人们对这个物体的判断也会随之发生改变。所以我们可以通过D&B的手法改变画面明暗分布，也可以改变物体的外部面貌。这就是D&B的一个重要应用：重塑结构。

　　D&B的另一个重要应用是磨皮，其本质也是通过改变光影关系来改变画面的光照分布。例如，人物面部中的斑点等瑕疵一般是以较暗像素的形式存在着，我们通过减淡（增加光）可以增加它的亮度，从而与周围的皮肤亮度达到一致，实现磨皮的同时又不破坏肌肤的纹理。

　　由于D&B与中性灰和双曲线的特殊关系，所以这里也得同步介绍一下中性灰和双曲线。

中性灰

前面讲到，D&B是一种思想，那这个思想需要通过哪些路径去实现呢？

我们有很多路径可以实现D&B，例如，直接使用加深/减淡工具，又比如做一个选区，然后用曲线进行调整，如用中性灰、双曲线等。

那为什么人们经常听到中性灰、双曲线这两个词时，会直接把D&B等同于中性灰、双曲线呢？

这是因为这两种手法有着独到的优势。以加深/减淡工具为例，我们知道，加深/减淡工具是无法叠加的。但中性灰基于图层，所以说其属性是可叠加的，再复制一层就可以了。同时，加深/减淡工具的影响区域只能通过原图对比查看，结果不准确，且无法即时预览，而中性灰则解决了这个问题。这就是中性灰方法的优势：可叠加性和可视性。

下面这张照片是一个中性灰图层，我们可以从这个图层直接看到对图像的哪些部分进行了处理，这是加深/减淡工具无法实现的。

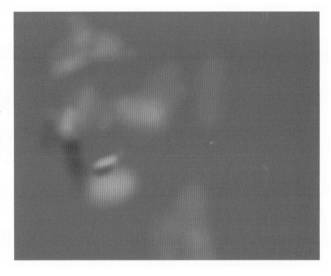

同时，如果我们觉得效果不够强烈，可以直接复制这个图层，相当于效果加强，这也是加深/减淡工具无法实现的。

那么，什么叫中性灰呢？简单理解就是中性灰运用了Photoshop里面一个特殊的混合模式：柔光。我们可以这样理解柔光混合模式：当一个图层的混合模式为柔光模式时，如果A位置的像素亮度高于50%灰（中性灰），那么这个图层下面图层A位置的像素会变亮。同理，如果A位置的像素亮度低于50%灰（中性灰），那么这个图层下面图层A位置的像素会变暗。

如此一来，新建一个填充50%灰的新图层，把混合模式改为柔光，这时候画面不会发生变化，但是一旦使用画笔工具进行涂抹，这个图层的亮度必然高于或低于50%灰。这时候反映到下面的图层，就发生相应的变亮、变暗了，这就是中性灰的原理。

双曲线

双曲线是D&B的又一个应用。

双曲线的基本结构是这样的，我们先通过一根曲线把图像提亮，然后通过一根曲线把图像压暗，再使用蒙版把两根曲线都隐藏。如果需要加强A区域的亮度，就用画笔工具在提亮曲线的蒙版那里用白色画笔涂抹，这样一来，被提亮的画面就显现出来了。同理，我们也可以以此来显示被压暗的区域。

当然，有时候在使用双曲线修图时，还添加了一个观察层。

所谓观察层，其实就是一个增强对比的层。它的作用是增强画面的明暗对比，更加便于观察出画面的细节，例如，皮肤的瑕疵等。

逆光

逆光的画面特征很好识别，就是画面中充满了阳光。我们在前期拍摄的时候，通过让光线进入镜头，可以营造一种梦幻、温暖的画面场景。

┃ 日系

日系风格的照片多以静物、人物为主题，注重捕捉细节，擅长营造氛围，前期多以大光圈拍摄，加上合理光线的运用和留白的处理，以及偏蓝、偏青色彩的运用，能够给人一种干净、自然而又充满生活趣味的感觉。

日系风格大致有如下分类。

一、逆光类

这类照片的共同点是巧妙利用侧逆光、正逆光等拍摄手法，其拍摄出来的照片整体颜色偏淡，有留白处理。

二、胶片类

其具体特征是有黑角，对比度偏高，色彩比较鲜艳，有一定的色偏。

三、环境类

这类照片以纯风景或者人物与风景相结合的方式来表达情绪，整体色调淡雅，饱和度低，色彩偏暖，不再单纯地追求浅景深。

四、静物类

这一类与逆光类有重合的部分，因为有的静物也会通过逆光的方式来表现。因此这里的静物类特指没有运用逆光手法拍摄的静物，并且这里的"物"也是一个广泛的概念，里面也包含人物，其画面特点是干净，饱和度低，颜色素雅，景深较浅。

对于日系风格，也是仁者见仁，智者见智，就个人而言，这种风格在表达生活情绪上面还是有很独到的优势，但看多了也的确会引起审美疲劳。

当我们比较欧美系与日系时，会发现这两者非常有意思，因为它们的画面风格几乎正好相反。日系追求清新、淡雅与宁静，欧美系则追求暗调、艳丽与个性。

欧美系摄影一般具有如下特点。

一、色彩通常比较艳丽，对比度较高

与日系摄影正好相反，欧美系的摄影色彩的饱和度通常都比较高，给人一种艳丽的感觉。画面的对比度较高，整体的对比强烈。

二、画面亮度较低

与日系摄影不同的是，欧美系摄影的亮度通常比较低，整个画面给人的感觉是略显严肃，充满着一种忧郁的气息。

三、喜欢通过环境来烘托气氛

与日系摄影喜欢通过静物和细节来烘托气氛不同，欧美系摄影更喜欢通过大环境来烘托气氛，如废弃的房屋、日落、草丛、大海等。

四、有胶片的味道

欧美系摄影都有一点儿胶片的味道，例如，图片有暗角，具有低光缺失、胶片颗粒、色偏等特征，给人一种陈旧的感觉。

素描

素描类的效果非常容易识别，它的画面特征是照片看起来像是素描作品。

莫奈云

所谓莫奈云，是指云的形态是层叠状且不连续，就像是画出来的一样。

第2章 修炼后期内功

　　本章我们将对一些十分重要的摄影后期工具进行深度学习，如直方图、曲线、色阶、混合模式等。掌握这些基础后期工具对于摄影后期的学习至关重要，例如，混合模式工具既能够帮助我们调整画面的曝光，也能够帮助我们渲染画面的色彩，能够为黑白照片上色，还能制作多重曝光效果。而不同的混合模式之间又存在不同的效果，例如，同样是利用滤色混合模式和正片叠底混合模式渲染色彩，它们最终形成的色彩效果也会截然不同。本章要充分掌握这些基础工具的用法以及相互之间的区别，做到胸有成竹，灵活应用。

要学习摄影的后期，首先要学习直方图。

为什么呢？如果把直方图比作汽车的各种仪表，汽车仪表可以让我们了解汽车的整体运行状况，汽车的速度、油量、温度等信息都可以从仪表中得知。同样，一张照片的大小、明暗、高光比例等信息也可以从直方图中得出。一幅图，只有在充分了解它的基础上，才能更好地把握它的后期方向，也才能实现更好地表达效果。

其实，直方图的作用不仅仅体现在后期，在前期拍摄的时候，直方图也会提供很大的帮助。比如在烈日下拍摄时，因为阳光太强，导致无法看清屏幕细节，这时候很难判断曝光是否准确，但如果使用直方图，再结合具体的拍摄环境和拍摄意图，便能够很好地判断曝光状况。换言之，阅读直方图不仅仅是后期需要学习的知识，它也是前期必备的技能。

直方图一般有5种基本形态，即RGB直方图、红色通道直方图、蓝色通道直方图、绿色通道直方图和明度直方图。

我们经常看到的直方图是RGB直方图，RGB直方图的计算原理是：先画出R、G、B三个颜色通道的直方图，然后把这三个通道直方图进行叠加，得到的即是RBG直方图。

例如，红色通道在127这个亮度级别上的数量为5，蓝色通道在127这个亮度级别上的数量为10，绿色通道在127这个亮度级别上的数量为15，那么RGB模式下在127这个亮度级别上的数量就为30。

与RGB直方图很相似的是明度直方图，大家仔细观察这两个直方图就会发现，二者的相似度非常高，但还是存在一些细微的差别。

明度直方图是基于这样一个原理进行计算的：人眼对绿色是最为敏感的，红色次之，对蓝色最不敏感。于是，明度直方图在计算的时候，就把同一像素中的绿色、红色和蓝色的色阶亮度分别乘以不同的比例，即绿色乘以59%，红色乘以30%，蓝色乘以11%，然后相加得到的亮度值就是明度值，按照这个算法计算出来的亮度值并把它画出来就是明度直方图。其横轴是亮度，纵轴是对应亮度的相对像素数量。

如果还是无法对这两种直方图的差异产生一个感性的认识，下面举一个例子来说明。

　　上面这幅图的直方图应该是怎样的呢？按照正常的思维，应该是在整个直方图中有且只有1个凸起，因为这幅图只有一个亮度值。但是打开RGB直方图会发现一个奇怪的现象，那就是RGB直方图下有3个凸起，如左图所示。

　　但切换到明度直方图，你会发现，明度直方图只有1个凸起，如左图所示。

　　结合二者的计算原理，可以很轻松地知道出现这种差别的原因。

从另一个角度来讲，明度直方图在某种程度上（大部分情况下，二者差别不大），它比RGB直方图更能反映出图片亮度的分布趋势。

上面简单介绍了RGB直方图与明度直方图的区别。下面将以明度直方图为例，讲解一些直方图的基础知识。

直方图的横轴从左到右表示亮度越来越高，纵轴从下到上表示像素越来越多。亮度值的范围是从0~255共256个值，0表示黑，255表示白。某个亮度对应的峰越高，表示在这个亮度下的像素相对越多。

例如，右侧这个直方图，它表示大多数的像素分布在中间调，整个分布比较均匀（一般的照片都是中间调的像素占的比例较大），整个直方图没有断层，比较连续，属于正常的直方图。

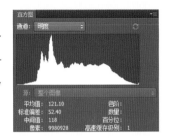

再如右侧这个直方图，它的像素主要集中在高光部分，这表明它的整体亮度比较高，它虽然不是直方图常见的形态，但并不意味着它的曝光就是不正常的。

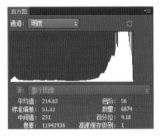

再如右侧这个直方图，它的像素主要集中在中间调和阴影部分，这表明它的整体亮度偏低，画面比较昏暗。

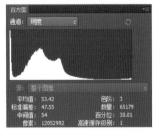

如果有两张直方图完全一样的图片，那么这两幅图片的画面就一定是一样的吗？

答案当然是不一定，因为直方图记录的是像素的亮度信息，换言之，不改变一幅图的任意一个像素，只是改变像素的相对位置，直方图并不会改变，但画面内容就完全不一样了。

理解了这一点，对于认识直方图的本质有很大的帮助。

在直方图中，除了图像化的语言以外，还有许多参数，如平均值、标准偏差、中间值等，这些是什么意思呢？

首先来认识色阶、数量、百分位这几个参数。

打开直方图，把鼠标指针放在直方图的某个位置，就会出现这3个参数，它们的含义如下。

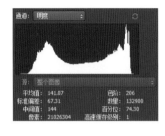

色阶：显示鼠标指针所在位置的亮度级别，即从0~255的某个值。

数量：表示在这个亮度下的数量值，例如，左侧这幅图的意思是在206这个亮度下，有132900个像素（在明度直方图中，总的像素值=总的数量值；在RGB直方图中，总的像素值×3=总的数量值，这是二者算法不同而导致的差异。在实际应用中，数量值这个参数使用得很少，因此并不存在任何影响）。

百分位：表示当前鼠标指针放置的位置在整个直方图的相对位置，最左端为0，最右端为100，从左到右递增。

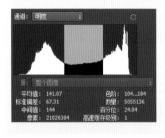

当按住鼠标左键往右拉的时候，会发现它们有新的变化。

这时候的色阶表示选取的亮度的范围，比如左侧这个直方图就是104~184范围的亮度。

数量：在这个范围下的数量总数。

百分位：这里的百分位不是代表相对位置，而是选取范围的数量占整体数量的百分比，这可以为测定阴影、中间调、高光所占的比例提供帮助。

接下来介绍平均值、标准偏差、中间值、像素这几个参数。

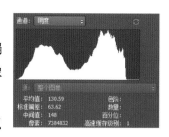

平均值： 表示平均亮度值。平均值越高，照片整体越偏亮，以128为中间值。它的算法是：图像的亮度总值÷图像像素总数，不同的直方图模式计算出来的结果略有差异。

以右面这幅图为例，它的平均值是130，离128很近，所以曝光属于正常型。

平均值的作用在哪里呢？有时候，人的视觉经验是存在一定误区的。换言之，有时候我们认为A照片的亮度比B照片的亮度高，但实际上，A照片的平均值没有B照片高，一旦判断失误，可能会对后期处理照片的方向产生一定的误导，所以有时候需要用到平均值来判断平均亮度。

标准偏差： 表示亮度值的变化范围。标准偏差在一定程度上可以帮助我们判断画面的明暗对比程度。

中间值： 显示亮度值范围内的中间值，它将图像所有像素的亮度值按照从小到大排列后，位置在最中间的数值。即将数据分成两部分，一部分大于该数值，一部分小于该数值。中间值的意义在于从另一个侧面来反映画面的整体亮度，以帮助我们判断画面是曝光过度还是曝光不足。它与平均值互补，不过没有平均值准确。

像素： 表示用于计算直方图的像素总数。

最后再介绍一下直方图的高速缓存级别，先看下面两幅图。

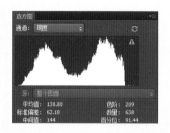
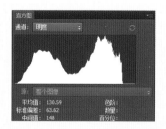

上面两幅图中，一个高速缓存级别为4，一个高速缓存级别为1，这二者有什么差别呢？简单而言，缓存级别越高，直方图生成的越快，但越不准确（在每个大于1的级别上，将会对4个邻近像素进行平均运算，以得出单一的像素值）。如果需要将缓存级别改为最精确的"1"，点击右上角的三角形即可。但在大多数情况下，我们并不需要十分精确的直方图，只要把握直方图的主要分布趋势即可。

介绍完直方图工具，接下来介绍另一个重要工具：曲线工具。如果把直方图工具比作汽车的仪表，那么曲线工具就是汽车的动力和方向系统，它可以解决"后期"这辆汽车以怎样的速度走，往哪个方向走的问题，功能十分强大。

首先介绍一下曲线工具的基础知识。

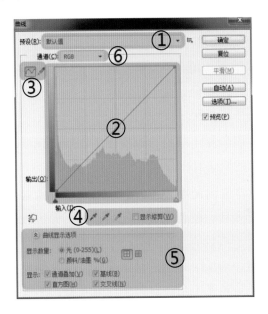

① 预设。在其中可以选择系统设置的预设曲线。

② 主功能区，也是最重要的部分。

③ 调整方式，可以选择手动画曲线或通过锚点调整曲线。

④ 设置黑场、灰场、白场工具。可以纠正色偏、调整对比度、制造光影效果等。

⑤ 曲线设置。一些曲线工具的基础设置，展开后如下所示。

·通道叠加：选择了这个选项之后，改变R、G、B通道的曲线，将会在主功能区显示。例如，提亮了R通道，那么主功能区会显示两条曲线，一条RGB曲线，一条R曲线。

·基线：就是45°对角参考线。

·直方图：取消勾选后直方图将不再显示。

·交叉线：当在拖动一个锚点时是否会出现十字交叉线。

⑥ 通道选择区域：在这里可以选择不同的通道，例如，RGB通道、R通道、G通道、B通道。

接下来，我们来了解一下曲线的基本类型。

一、常见的曲线

1. 提亮曲线

提亮曲线的形态如右图所示。

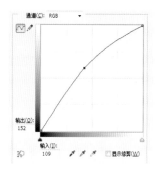

右图中的这条曲线叫提亮曲线，它只有一个锚点，我们可以用它来增强画面的亮度，它主要提亮画面的中间调，因为照片的像素一般都集中在中间调，所以这种曲线对画面的影响一般都比较明显，它可以让直方图的峰右移，如下图所示。

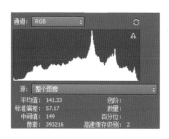 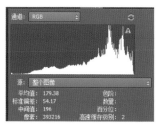

2. 压暗曲线

与提亮曲线相对应的另一条曲线叫压暗曲线，它的形态如右图所示。

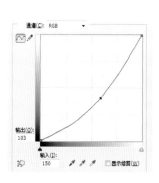

这条曲线也只有一个锚点，用来降低画面的亮度，主要作用于中间调，它可以让直方图的峰左移，如下图所示。

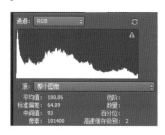 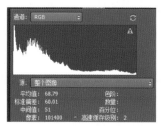

3. 高对比曲线

高对比曲线又称为S曲线，它可以增强画面的对比度，主要通过提高高光部分的亮度和降低阴影部分的亮度实现，它可以让直方图的峰向两边转移。

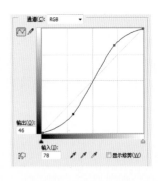

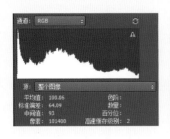 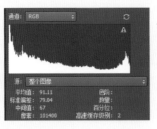

由于高光部分被提亮，阴影部分被压暗，亮度的变化更加剧烈，所以画面看起来对比更加强烈。同时因为峰向两边转移（结合前面讲述的计算原理，我们知道，一张图片的像素总量是一定的，当一个像素中的R值由80变成150时，80这个亮度级别对应的 R 直方图会降低，同时150这个亮度级别对应的R直方图会增高，如此一增一减，就导致直方图的峰向两边移动了），使得中间调的像素减少，从而导致能够呈现丰富细节的中间调被削弱，因此画面的细节会相对减少。

所以，提高对比度可以增强画面的"通透度"，但是会牺牲掉画面的细节。

4. 低对比曲线

与高对比曲线相对应的曲线是低对比曲线，又称反S曲线，如右图所示。

这条曲线通过降低高光的亮度，增加阴影的亮度，使得画面的整体光线变化更加柔和，直方图的峰向中间聚拢，中间调像素增加。

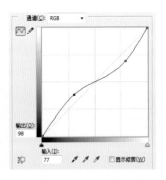

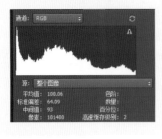 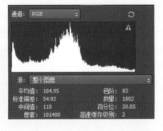

所以，降低对比度会让画面"发灰"（因为像素都集中到中间调了），但是会保留更多的细节。

以上4种基本类型是最常见的，也是用得最多的曲线。下面讲解一些比较高级的曲线。

二、高级曲线

1. 低光压缩曲线

称之为低光压缩曲线是因为这条曲线相当于使原来曲线的整体形态不变，只是向右压缩它，使原来的直方图变扁。它的形态如右图所示。

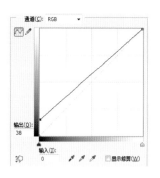

直方图调整前后的对比如下图所示。

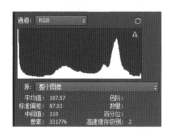 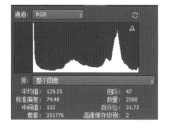

我们很容易发现这两个直方图的差别，通过这条曲线，直方图的低光部分被压缩掉，相当于整个直方图被向右挤压变扁了。除此之外，还有一个数据，就是右面这个直方图的最左端对应的色阶值为38，也就是曲线调整的值。

通过观察直方图可以发现，这个直方图对应照片的暗部是没有像素的，这也就意味着画面中没有纯黑的部分，即前面提到的"低光缺失"画面特征，也就是说利用低光压缩曲线就可以制造"低光缺失"的画面效果。

这条曲线其实和添加一个图层，然后填充纯白色，再调整不透明度后的效果是一样的。它的计算方法是：$R = X + R1 \times (1 - X \div 255)$，$X$为曲线与左轴交点所对应的值，$R1$为当前图层的R值，R为最终值，像素中另外两个值的计算方法与此相同。

这条曲线在营造胶片的感觉和营造日系风格上有着独特的优势。其实，胶片和日系两种风格是完全不一样的，为什么能用同一条曲线达到呢？这跟基色的亮度有关，如果基色偏暗，加上这条曲线就有陈旧的感觉；如果基色偏亮，加上这条曲线就有轻盈的感觉，这就是这条曲线能够同时达到两种不同效果的原因。

在恢复低光的时候，也并不需要通过设置黑场工具，而是可以直接通过曲线工具实现。例如右面这张图。

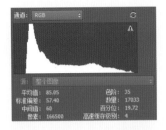

它的直方图如左图所示。

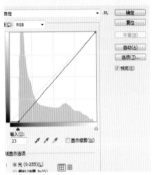

通过直方图可以看出这张图片是有低光缺失特征的，那么如何恢复低光呢？我们直接把曲线左边的端点拉到直方图的最左边即可（这条曲线后面会讲到，叫低光拉伸曲线）。

效果如左图所示。

2.高光压缩曲线

与低光压缩曲线对应的是高光压缩曲线，它的形态是这样的。

直方图调整前后的对比如下图所示。

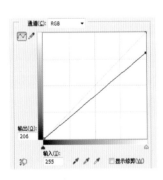

很容易发现，下面这个直方图的高光丢失了，它的效果正好与低光压缩曲线相反，产生的效果也正好相反。

这条曲线可以营造出一种相对比较忧郁的氛围，结合阴天、雨天等天气将会有很好的表达效果。

当一张照片直方图的最右端没有像素时，那就说明这张图片没有纯白的部分，也就是前面提到的高光缺失特征，因此我们可以利用高光压缩曲线来制作高光缺失效果。

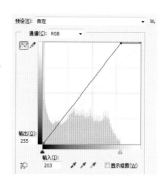

如果想要恢复一张照片的高光部分，直接把曲线右边的端点拉到直方图的最右端即可（这条曲线叫高光拉伸曲线，后面会讲到），如右图所示。

3. 低光拉伸曲线

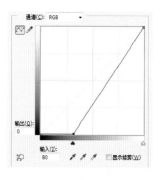

下面这条曲线是低光拉伸曲线，之所以称它为低光拉伸曲线，是因为这条曲线相当于把原来的直方图往左拉伸。它的形态如右图所示。

这条曲线的作用主要体现在压暗画面、恢复画面低光、营造压抑氛围、模拟胶片、制造高对比效果、突出光影等方面。需要记住的是，这条曲线会在压暗画面的同时增加画面的对比度，可以重新定义画面中的纯黑区域，增加画面中的纯黑部分。这条曲线会使直方图的峰向左拉伸，下面是调整前后直方图的变化。

 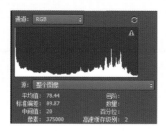

4. 高光拉伸曲线

与低光拉伸曲线相对应的是高光拉伸曲线。

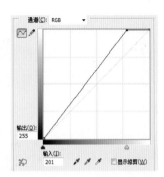

这条曲线的作用在于可以让画面变得更"干净",可以恢复画面高光,它在模拟水墨画风格和水彩风格上也有独到的用处。

需要记住的是,这条曲线会在提亮画面的同时增加画面的对比度,可以重新定义画面中的纯白区域,增加画面中的纯白部分。这条曲线会使直方图的峰向右拉伸,下面是调整前后直方图的变化。

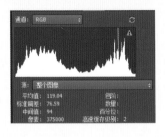 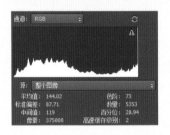

三、复合曲线

1. 复古胶片曲线

复古胶片曲线是一条非常典型的曲线,它的典型体现在:糅合了两条曲线,操作简单,效果明显。

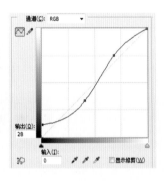

这条曲线实际上就是S曲线(提高对比曲线)和低光压缩曲线的结合体,根据前面讲解的知识,可以推测出它最终的直方图形态。

下面是调整前后直方图的变化。

 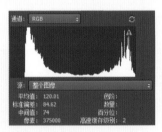

如果想要把曲线工具学透，一个重要的能力就是能够通过曲线工具的调整想象出直方图的变化，进而根据直方图的变化想象出画面的变化。

这一条曲线可以用来模拟一种复古的胶片感觉。

接下来再看一条复合曲线，如右图所示。

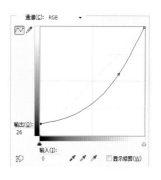

这条曲线跟上一条曲线有什么区别，我们顺着曲线—直方图—画面的流程来思考一下。

首先，这是一条压暗曲线，所以直方图的峰会左移，然后又用了一条低光压缩曲线，这会导致26以下的亮度等级将不存在对应的像素，所以综合而言，它的画面中没有纯黑部分。同时因为直方图的峰左移，导致阴影部分像素增多，所以画面的整体亮度会更低。

那么它与上一条曲线的区别就很明显了，上一条曲线的峰是向两边转移，这就说明画面不仅阴影像素多，高光的像素也多，而这条曲线高光对应的像素会更少。

所以这条曲线也可以用于胶片风格的后期，但更侧重于昏暗的场景。

下面是调整前后直方图的变化。

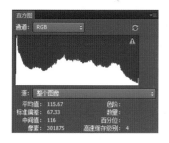 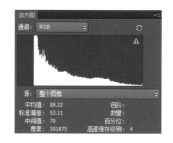

2. 直角曲线

直角曲线的形态如右图所示。

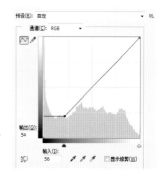

之所以叫它直角曲线，从它的形态便一目了然，这条曲线是由低光压缩曲线和低光拉伸曲线构成的。

这里有一个非常有意思的现象。

在数学中，我们先加后减和先减后加的结果是一样的，但是在Photoshop里不是这样，先使用低光拉伸曲线，再使用低光压缩曲线，和先使用低光压缩曲线，再使用低光拉伸曲线的结果不是一样的。

如果先使用低光拉伸曲线，再使用低光压缩曲线，那么直方图的最终形态只要最后使用了低光压缩曲线，那么画面的低光部分就被压缩掉了，如下图所示。

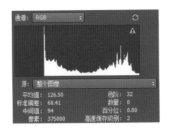

但如果先使用低光压缩曲线，再使用低光拉伸曲线，因为低光压缩曲线会使直方图向右压缩，而低光拉伸曲线又会使直方图向左拉伸，所以最后的结果就是直方图基本上没有太大的变化。

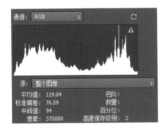 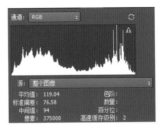

这里还有一个问题：如果先使用低光压缩曲线，再使用高光压缩曲线，直方图是怎样的呢？

不要认为低光压缩曲线和高光压缩曲线可以相互抵消，从而得出调整后的直方图与原图无异的结论。实际上这二者结合之后，它们把像素都挤到中间了，如下图所示。

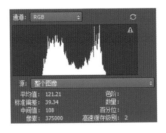

回到直角曲线，直角曲线与先使用低光拉伸曲线，再使用低光压缩曲线的效果基本上是一致的，它可以在降低画面整体亮度的同时消除照片中的纯黑部分，尤其适合欧美系摄影的后期。

色阶工具

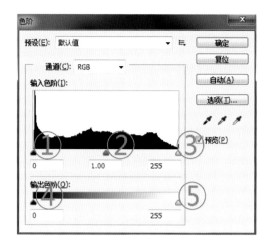

色阶工具相当于一个小型的直方图和曲线工具的集合体，一方面，它能直观地观察画面亮度的分布情况，另一方面，它又兼具曲线的图像调整功能。

首先来认识一下几个浮标。

①号浮标：这个浮标对应的曲线是低光拉伸曲线。

②号浮标：这个浮标可以调整画面的Gamma值。

③号浮标：这个浮标对应的曲线是高光拉伸曲线。

④号浮标：这个浮标对应的曲线是低光压缩曲线。

⑤号浮标：这个浮标对应的曲线是高光压缩曲线。

所以，直方图、曲线、色阶这3个工具是相辅相成的，联系非常紧密。

下面介绍一下右边的工具。

① 设置黑场工具。

② 设置灰场工具。

③ 设置白场工具。

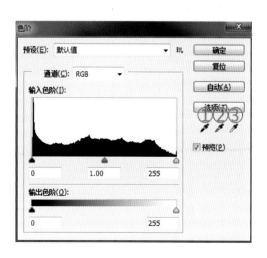

下面介绍这3个工具的作用。

一、设置黑场工具

1. 可以识别图片是否有低光缺失特征

这一点非常简单，就是使用设置黑场工具点击你认为画面中应该是黑色的区域。

2. 可以纠正色偏/还原低光

设置黑场工具还可以纠正画面的色偏，重设白平衡，还原画面低光，它的使用方法和第一点是一样的。

3. 可以制造光影

使用设置黑场工具，可以非常快速地制作剪影效果，同时可以很好地营造光影格调，比如下面这两幅图。

我们通过设置黑场工具点击图片中用白色圈中的部位，可以看到图片发生了非常明显的变化。

这个方法尤其适合于那种光差比较大的场景，比如一束阳光正好照在一朵鲜花上，此时通过设置黑场工具可以很好地增强这种光影的表现力。

二、设置白场工具

1. 可以还原白平衡

还原白平衡就是一个纠正色偏的过程，它的使用方法是用设置白场工具点击画面中你认为应当是白色的地方，它与设置黑场工具互补，可以综合使用这两种工具来调整色偏。

2. 以调整曝光

拍摄雪景的时候，经常感觉雪不够白，这是因为相机默认是把你所拍摄的景色还原为灰色，这就导致雪也偏灰了。这时候可以通过设置白场工具来调整曝光，具体操作是用设置白场工具单击画面中用黑色圈中的位置。

三. 设置灰场工具

设置灰场工具可以用来调整画面曝光，但设置灰场工具在调整曝光上面的功效不及设置黑场和白场工具，因为我们很难找到一个合适的参考区域。因此，设置灰场工具使用得比较少，它在不需要大的调整和具有可轻易识别的中性色的图像上最有效。

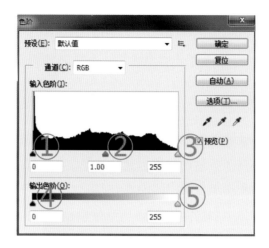

Gamma值工具就是上图中的2号工具，它可以调整画面的灰度。

这个工具给我们最直观的感受是亮度的变化，向左移动浮标画面会变亮，向右移动浮标画面会变暗，但它更重要的作用在于细节修复。

看一下左面这张照片。

可以看到，这张照片的整体亮度较低，且画面的很多细节都已经变成了一团黑色，例如，左下角的岩石、对岸的树林等区域。

这时候如果通过曲线来提亮，是什么样的效果呢？

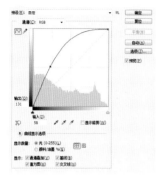

　　可以看到，画面的亮度虽然提升了，但是画面的细节并没有得到太大的修复，并且天空因为提亮反而丢失了一些细节。

　　这时候我们使用Gamma值工具，向左拉动浮标。

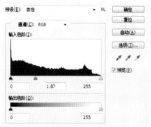

画面的效果是这样的。

　　可以看到，画面的细节得到了很大程度的恢复。

　　并且天空也没有因此而受到细节上的损失。

这个工具经常被用来修复类似这种细节丢失的照片，在使用过程中要注意以下两点。

（1）这个工具的功效虽然显著，但是对于一些细节损失过于严重的图片，经过调整之后可能会出现一些噪点，所以要控制好调整的度，实现细节与噪点之间的一个良好平衡，必要的时候可以通过蒙版工具平衡原图与修复图之间的关系。

（2）有些图片经过这个工具修复细节之后，会出现发灰的现象，此时可以通过提高自然饱和度或者对比度来让画面更加鲜艳。

Gamma值工具还可以用来通透画面，我们把浮标向右移动的时候就能起到通透画面的效果。

它与提高对比度的区别在于，在效果上面，可以认为向右移动Gamma浮标的效果类似于提高对比度和降低亮度的效果。同理，向左移动Gamma浮标的效果类似于降低对比度和提高亮度的效果。

色阶工具和曲线工具相比，其功能和灵活性要弱一些，但是它"一体化"程度高，我们可以利用色阶工具同时实现多种效果，例如，可以利用色阶工具在降低对比度的同时提高亮度，然后同步消除画面中的纯白和纯黑区域，如右图所示。

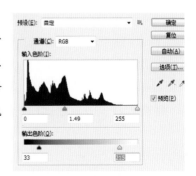

| 混合模式

混合模式是Photoshop中一个非常重要的功能，因为Photoshop是基于"层"的概念，而混合模式本身又是依赖于"层"存在的，所以，一些非基于层概念的图像处理软件也就没有这个功能了，比如Lightroom等。

混合模式的应用十分广泛，在抠图、计算、滤镜、调色、曝光等等领域中都有很重要的应用。它有非常多的种类，基础的有以下10种，这10种可以分为两组，分别是加深组和减淡组，加深组我们可以理解为变暗组，它可以让画面的亮度降低。减淡组我们可以理解为变亮组，它可以让画面的亮度提高。

加深组中包含变暗、正片叠底、颜色加深、线性加深、深色。减淡组中包含变亮、滤色、颜色减淡、线性减淡、浅色。它们是一一对应的，产生的效果也正好相反。

·变暗：简单理解就是比较上下两个图层对应像素的R、G、B值，然后取较小值。

·正片叠底：这个计算方法稍显复杂，只需要记住它的效果是让画面变得更暗，但是，把纯白色图层改为正片叠底混合模式是无效的，它不会对下面的图层产生任何影响。

·颜色加深：使画面变暗的同时增加对比度。

·线性加深：与颜色加深效果相似，但对比更加强烈。

·深色：与变暗模式非常相似，但区别在于它不会产生新的颜色，而变暗模式则可能产生新的颜色（原因在于，变暗模式是比较单个R、G、B通道的大小关系，而深色模式却是把像素作为一个整体进行比较）。

·变亮：与变暗对应，简单理解就是比较上下两个图层对应像素的R、G、B值，然后取较大值。

·滤色：简单理解就是可以让画面变亮，把纯黑色图层改为滤色混合模式是无效的，它不会对下面的图层产生任何影响。

·颜色减淡：使画面变亮的同时提高对比度。

·线性减淡：它与滤色模式相似，但是相比于滤色模式拥有更高的对比度。

·浅色：与变亮模式非常相似，但不会产生新颜色。

除了这基础的10种混合模式之外，还有很多其他混合模式，例如柔光混合模式、色相混合模式、差值混合模式等，但是在摄影中我们并不需要精通每一种混合模式，比较重要的有以下几种。

一、正片叠底

正片叠底是加深混合模式的一种，它把混合色与基色中的R、G、B值按照一定的算法计算，以R值为例，它的计算公式为：结果色R＝混合色R×基色R／255，其他通道同理。因为每个R、G、B的最大值为255，所以该结果一定是小于原始图层的值的，因此会产生一种变暗的效果。

我们对同一张照片使用正片叠底的效果（即复制原图层，然后把复制图层的混合模式改为正片叠底）和直接用曲线工具降低亮度的效果比较相似，大多数情况下很难区分二者，但是正片叠底的程序性更好。换言之，我们比较难拉出两条完全一样的曲线，但是可以非常轻易地做出两张一样的正片叠底的照片，因此，利用正片叠底混合模式来降低亮度可以方便进行再次修改。

正片叠底除了能够降低画面亮度，还有一个重要的作用，就是渲染画面色彩。

前面提到过高光缺失这一种画面效果，它通过消除画面中的纯白色来营造一种安静的氛围，如果想要得到高光缺失的效果，还希望同时影响画面的色彩，按照常规操作，需要先调整色彩，然后进行高光压缩。但如果我们使用色彩层+正片叠底混合模式这个组合，一次性就可以实现这两种画面效果，这是正片叠底的独特优势。

正片叠底混合模式主要的应用如下。

1. 降低亮度

把原图层复制一层之后，把混合模式改为正片叠底，画面的亮度会变低。

我们可以通过很多手段去调整画面的亮度，例如，曝光工具、曲线工具、HSL工具等，那使用正片叠底的方式有什么优势呢？

正片叠底模式的最大优点在于可控性高。因为正片叠底的计算方法是固定的，当我

们把原图层复制一层，然后把复制图层的混合模式改为正片叠底时，可以通过控制图层的不透明度去调整需要变暗的程度。相对于曲线工具，它的可复制程度会更高一些，只要使用"正片叠底+50%的不透明度"这个参数，别人就可以很准确地还原你的效果，这比告诉别人曲线锚点坐标要容易得多。

由于把纯白色图层的混合模式改为正片叠底不会对下面的图层产生任何影响，因此，如果原图中存在纯白色的区域，例如，白云，它的亮度不会因为使用正片叠底混合模式而降低。

2. 色彩层+正片叠底

我们可以使用"色彩层+正片叠底"的方式去调整画面的光照和色彩。

我们打开一张图片，它的直方图是这样的。

新建一个图层，填充一种颜色，然后把这个图层的混合模式改为正片叠底。

画面效果如图左图所示。

可以看到，画面变得更暗，并且受到了色彩层的影响。

调整后画面直方图如左图所示。

可以看到，直方图最右端没有像素，也就是说画面中没有纯白的部分。

因此，使用色彩层+正片叠底这个方法可以更加方便、快捷地实现某些效果。在这种情形下，色彩层对画面高光部分的影响会更加剧烈一些，因为正片叠底混合模式会让画面变暗，而较亮区域的变化幅度更大，因此主观上给人的感受会更强烈。色彩层填充的颜色越暗，画面变暗的程度就会越大。

当我们在使用色彩层+正片叠底混合模式的时候，通道直方图对这种混合模式的反馈是最直接和准确的，因此我们有必要加深对通道直方图的认识。

首先我们需要了解一下通道直方图的绘制原理。

我们知道，在RGB色彩模式下，每一个像素是由R、G、B三个分量构成的，R、G、B的取值范围都是从0到255，如果一个像素是RGB（0,0,0），那么这个像素就是黑色，如果是RGB（255,255,255），那么这个像素就是白色，如果R=G=B，且取值不为0或255，那这个像素就是灰色，如果是RGB（0,0,255），那么这个像素就是蓝色（只有蓝色发光）。如果是RGB（255,255,0），那这个像素就是黄色（只有红色和绿色发光，它们的混合色为黄色）等。

我们假设现在有一张100万像素的图片，其中有5 000个像素中的R值为0，那么红色通道直方图在色阶0上就会有5 000个相对高度的凸起，有10 000个像素中的R值为1，那么红色通道直方图在色阶1上就会有10 000个相对高度的凸起，以此类推就可以绘制出一个完整的红色通道直方图。同理，绿色通道直方图和蓝色通道直方图也可以这样绘制出来。

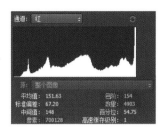

例如这个红色通道直方图的含义就是：这张照片一共有70 0128个像素，其中有4 903个像素的R值为154。

如果一个通道直方图在最左端没有凸起，如红色通道直方图的最左端没有凸起，那就意味着在所有像素中的R取值都不为0，也就意味着在所有像素中的R值都是大于0的（不为0，就必然为1~255中的任意一个，不可能空缺）。

现在我们来观察一下正片叠底混合模式对通道直方图的影响。我们新建一个图层，然后填充颜色RGB（220，200，180），然后把这个图层的混合模式改为正片叠底，画面直方图的变化是这样的（左侧为原直方图，右侧为变化后的直方图）。

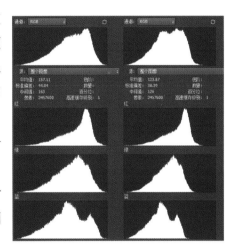

从这个直方图变化中，我们可以获取以下4个信息。

（1）原图的RGB直方图（最上面那个直方图）最右侧有凸起，而调整后的RGB直方图最右侧没有凸起。

（2）原图的所有通道直方图（下面三个直方图）最右侧都有凸起，但是当我们使用色彩层+正片叠底混合模式之后，所有通道直方图的最右侧都没有凸起了。

（3）调整后的三个通道直方图呈现出阶梯状，红色通道直方图右端在最右边，绿色通道直方图右端在中间，蓝色通道直方图右端在最左边。

（4）平均值由157变成123了。

同时，通过测量，我们发现在红色通道直方图在221~255这个色阶范围没有任何数量，绿色通道直方图在201~255这个色阶范围没有任何数量，蓝色通道直方图在181~255这个色阶范围没有任何数量。

通过以上数据，我们可以得出如下结论。

（1）色彩层+正片叠底混合模式可以让画面呈现出高光缺失的特征。

（2）色彩层+正片叠底混合模式可以让画面的整体亮度变低。

（3）色彩层+正片叠底混合模式形成的画面效果，就等同于为对通道曲线应用高光压缩曲线。例如我们填充颜色RGB（220，200，180），就等同于对红色通道曲线应用高光压缩曲线，右锚点位置为220，对绿色通道曲线应用高光压缩曲线，右锚点位置为200，对蓝色通道曲线应用高光压缩曲线，右锚点位置为180。

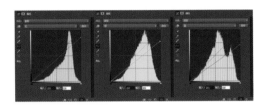

因为我们填充颜色的R值最大，G值位于中间，B值最小，所以说红色通道直方图右端在最右边，绿色通道直方图右端在中间，蓝色通道直方图右端在最左边。

因此，针对这张图片如果我们填充的颜色是RGB（180，200，220），那么通道直方图的形态就会是红色通道直方图右端在最左边，绿色通道直方图右端在中间，蓝色通道直方图右端在最右边，依旧还是阶梯状，只不过方向正好相反（见下方左侧直方图）。

针对这张图片如果我们填充的颜色RGB（200，180，220），那么通道直方图的形态就会是红色通道直方图右端在中间，绿色通道直方图右端在最左边，蓝色通道直方图右端在最右边。那么通道直方图就会是参差状（见下方右侧直方图），以此类推。

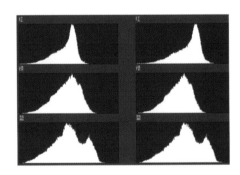

因此，如果我们看到通道直方图右端呈现出阶梯状或者参差状，那就一定要考虑色彩层+正片叠底混合模式。

如果我们看到一个通道直方图是下图这样的形态，我们能够得到怎样的信息呢?

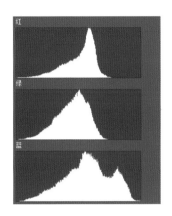

通过上面这个直方图，我们可以观察到红色通道直方图和绿色通道直方图的最右侧都没有凸起，而蓝色通道直方图的最右侧却存在凸起，这能够说明什么呢?

通过测量，我们发现红色通道直方图和绿色通道直方图在色阶范围201~255之间都没有任何数量，这也就意味着所有像素中的红色和绿色都没有发出201~255这个亮度范围的光线，也就是说在所有像素之中，红色和绿色发出的最强的光线也只有200个亮度，而在不少像素中，蓝色发出了高于200个亮度的光线。

这也就意味着在画面的高光部分会更大概率的呈现出蓝色，因为蓝色发出了更强的光线。同理，如果是这样一个通道直方图。

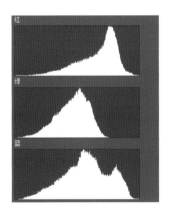

这也就意味着在画面的高光部分会更大概率的呈现出红色和蓝色的混合色，也就是洋红色，分析过程与前面一致。

通过观察通道直方图判断画面色彩及分布区域，是通道直方图的又一个重要应用，我们有必要认真掌握。当然，利用通道直方图判断画面色彩只是为我们分析照片提供一个参考，它并不意味着某种直方图就一定对应着某种色彩分布，这一点需要注意一下。

3. 多重曝光

正片叠底也可以用来制作多重曝光的效果，它比较适合表达忧郁、宁静的多重曝光氛围。但因为正片叠底做的是减法，只要任意一个图层有纯黑色，最后合成的效果就会有纯黑色，因此会有很多的细节损失掉，所以并不建议使用正片叠底混合模式去制作多重曝光效果。

正片叠底多重曝光的图层结构如右图所示。

因为正片叠底混合模式呈现的是变暗的效果，所以提亮某一个图层，另外一个图层就会得到更好的显现。

我们可以通过这个方法来控制最终的图像内容。

在使用正片叠底制作多重曝光效果时，有以下几个细节需要注意。

（1）调整正片叠底图层的不透明度，一方面可以使画面的细节更丰富，另一方面也可以使得最终的融合效果更好。

（2）正片叠底使用完成之后，最好对最后合成的图像进行提亮操作，因为使用正片叠底之后画面的亮度可能会偏低。

二、滤色

滤色混合模式与正片叠底混合模式相反，它可以让画面更亮。它主要的应用如下。

1. 提高亮度

把原图层复制一层之后，把混合模式改为滤色，画面的亮度会提高。如果画面中存在纯黑色的部分，这部分区域的亮度不会随之提高。

2. 色彩层+滤色

新建一个图层，然后填充一种色彩，再把这个填充色彩图层的混合模式改为滤色，就可以影响画面的色彩。

在这种情形下，色彩层对画面阴影部分的影响会更加明显一些，因为滤色混合模式会让画面变亮，而较暗区域的变化幅度更大，因此主观上给人的感受会更强烈。色彩层填充的颜色越明亮，画面变亮的程度就会越大。

使用这种方法调整画面之后，不仅画面的色彩会有所变化，画面的亮度也会提高。

可以看到，色彩层+滤色混合模式更多地会影响画面中的阴影部分，画面的色彩就像是"浮"在照片之上，当看到这种画面特征的时候，就要想到使用这个色彩层组合。当然，颜色"浮"在照片上面是一个很感性的说法，可以借助直方图来判断这一画面特征。

当我们在使用色彩层+滤色混合模式的时候，同正片叠底混合模式一样，通道直方图也会对这种混合模式进行直接和准确的反馈。例如我们新建一个图层，然后填充颜色RGB（30，60，90），然后把这个图层的混合模式改为滤色，画面直方图的变化是这样的（左侧为原直方图，右侧为变化后的直方图）。

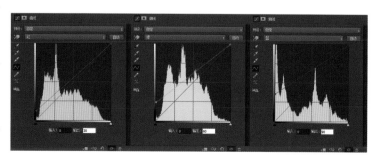

从这个直方图变化中，我们可以获取以下4个信息。

（1）原图的RGB直方图（最上面那个直方图）最左侧有凸起，而调整后的RGB直方图最左侧没有凸起。

（2）原图的所有通道直方图（下面3个直方图）最左侧都有凸起，但是当我们使用色彩层+滤色混合模式之后，所有通道直方图的最左侧都没有凸起了。

（3）调整后的三个通道直方图呈现出阶梯状，红色通道直方图左端在最左边，绿色通道直方图左端在中间，蓝色通道直方图左端在最右边。

（4）平均值由97变成134了。

同时，通过测量，我们发现在红色通道直方图在0~29这个色阶范围没有任何数量，绿色通道直方图在0~59这个色阶范围没有任何数量，蓝色通道直方图在0~89这个色阶范围没有任何数量。

通过以上数据，我们可以得出如下结论。

（1）色彩层+滤色混合模式可以让画面呈现出低光缺失的特征。

（2）色彩层+滤色混合模式可以让画面的整体亮度变高。

（3）色彩层+滤色混合模式形成的画面效果，就等同于为对通道曲线应用低光压缩曲线。例如我们填充颜色RGB（30，60，90），就等同于对红色通道曲线应用低光压缩曲线，左锚点位置为30，对绿色通道曲线应用低光压缩曲线，左锚点位置为60，对蓝色通道曲线应用低光压缩曲线，左锚点位置为90。

因为我们填充颜色的R值最小，G值位于中间，B值最大，所以说红色通道直方图左端在最左边，绿色通道直方图左端在中间，蓝色通道直方图左端在最右边。

因此，针对这张图片如果我们填充的颜色RGB（90，60，30），那么通道直方图的形态就会是红色通道直方图左端在最右边，绿色通道直方图左端在中间，蓝色通道直方图左端在最左边，依旧还是阶梯状，只不过方向正好相反（见下方左侧直方图）。

针对这张图片如果我们填充的颜色RGB（60，90，30），那么通道直方图的形态就会是红色通道直方图左端在中间，绿色通道直方图左端在最右边，蓝色通道直方图左端在最左边。那么通道直方图就会是参差状（见下方右侧直方图），以此类推。

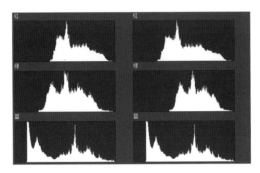

因此，如果我们看到通道直方图左端呈现出阶梯状或者参差状，那就一定要考虑色彩层+滤色混合模式。

如果我们看到一个通道直方图是下图这样的形态，我们能够得到怎样的信息呢？

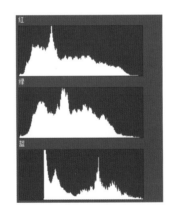

通过上面这个直方图，我们可以观察到红色通道直方图和绿色通道直方图的最左侧都有凸起，而蓝色通道直方图的最左侧却没有凸起，这能够说明什么呢？

通过测量，我们发现蓝色通道直方图在色阶范围0~49之间都没有任何数量，这也就意味着所有像素中的蓝色都没有发出0~49这个亮度范围的光线，也就是说在所有像素之中，蓝色发出的最弱的光线也有50个亮度，而在不少像素中，红色和绿色没有发光以及发出的光线亮度小于50个亮度。

这也就意味着在画面的阴影部分会更大概率的呈现出蓝色，因为蓝色发出了更强的光线，这时候就会呈现出色彩浮在画面上的效果。同理，如果是这样一个通道直方图

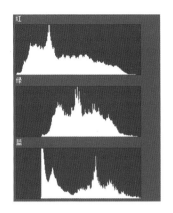

这也就意味着在画面的阴影部分会更大概率的呈现出绿色和蓝色的混合色，也就是青色，分析过程与前面一致。

通过观察通道直方图判断画面色彩及分布区域。又是通道直方图的一个重要应用，我们有必要认真掌握。当然，利用通道直方图判断画面色彩只是为我们分析照片提供一个参考，它并不意味着某种直方图就一定对应着某种色彩分布，这一点需要注意一下。

3. 高斯模糊+滤色

把原图层复制一层，然后使用高斯模糊效果，再把这个图层的混合模式改为滤色，如下图所示。一方面，这个操作会提升画面整体的亮度；另一方面，这个操作也会让画面充满一种朦胧感，就好像在镜头前面套了一个塑料口袋一样的视觉效果。

4. 阈值+高斯模糊+滤色

这个操作是基于高斯模糊+滤色的升级版本，它通过阈值，将画面分离开来，从而帮助我们更好地去影响不同的区域。

这一个操作组合主要用于制造高光的朦胧感，它不会让整个画面都充满光线感，而仅仅影响高光部分，这样后期出来的画面会显得更加自然。

首先，我们选择【图像】→【调整】→【阈值】菜单命令，弹出【阈值】对话框。

当选择不同的阈值色阶时，画面会呈现出不同的效果，如右图所示。

需要记住的是，最终图像会发光的部分是白色，所以可以根据想要发光的区域来调整阈值色阶。

应用阈值之后，进入通道，选择任意一个通道（红色、绿色、蓝色任一通道皆可），然后按住"Ctrl"键单击鼠标左键，就会出现一个选区，返回到原图层，再按快捷键"Ctrl +J"，把这个选区作为一个新的图层独立出来。

为了方便大家观
察，填充一个绿色背
景，可以查看一下这个
新图层，图中没有受到
绿色影响的部分，就是
新图层。

然后把这个新选区形成的图层的混合模式改为滤色，
再使用高斯模糊。

在使用高斯模糊的过程中，可以即时预览画面的效
果，因此，可以根据自己的表达需要选择具体的高斯模糊
数值。

这时候形成的画面
就不是全局都有发光效
果，而只是指定的区域
会呈现出发光的效果，
这对于人像摄影是一个
非常有用的技巧。

5. 多重曝光

我们可以通过滤色混合模式来制造多重曝光的效果。

关于多重曝光的具体内容前面已经介绍过，这里不再
赘述。

三、柔光

柔光是很重要的一种混合模式，它的主要应用如下。

1. 提高对比

当复制原图层，然后把复制图层的混合模式改为柔光时，画面整体的对比度会增强，色彩会更加鲜艳。

2. 渲染色彩

当新建一个图层，填充一种色彩，然后把这个色彩层的混合模式改为柔光时，画面的色彩会受到色彩层填充色彩的影响，并且这种影响是全局的，这与滤色混合模式更多影响画面中的阴影部分不同。

同时，色彩层+柔光混合模式对画面曝光的影响比较柔和，因为柔光混合模式是以基色为主导的。如果色彩层填充的颜色比较亮（比50%灰色亮），最终画面就会变亮一些；如果色彩层填充的颜色比较暗（比50%灰色暗），最终画面就会变暗一些，而柔光混合模式的这一特性对于模拟图片色彩有着非常重要的作用。

因为在模拟后期的时候，经常需要从模拟对象中取色以模拟它的主色调，如果从模拟对象中取得的样色偏亮，那么用它来渲染主色调时，画面也会跟着变亮一些，从而与模拟对象的曝光保持一致。因此，在为图片添加主色调时会经常用到柔光混合模式。

当新建一个图层，然后填充青色，把混合模式改为柔光之后，画面的颜色受到了明显的影响。

四、颜色混合模式

颜色混合模式是用色彩层的色相、饱和度及原图层的明度创建结果色，它的主要应用如下。

1.单色图片

当新建一个图层，然后填充一种色彩，把混合模式改为颜色时，画面会使用色彩层填充颜色的色相和饱和度，以及背景图的明度来生成最后的照片，呈现出来的效果就是单色图片。

2. 上色

我们可以利用颜色混合模式为黑白照片上色。

为照片上色，最为重要的部分是为分区上色，需要根据不同物体的色彩去分别渲染颜色。

我们以上面的照片为例，讲解一下具体的操作过程。

（1）创建选区。

首先用钢笔工具或者套索工具勾选出蜡烛的外形，使其形成一个选区。

（2）羽化选区。

一般而言，直接勾勒出来的选区会比较生硬，我们可以羽化一下边缘。

（3）填充颜色。

新建一个图层，为刚才的选区填充红色，然后把这个图层的混合模式改为颜色，这时蜡烛就会被渲染成红色。

（4）渲染其他物体。

蜡烛渲染完之后，再勾选出焦外心形光圈的选区，重复上面的步骤即可。

对于比较复杂的图像，只需要创建更多的选区，重复更多的步骤而已。其中有一些技巧性的东西，例如，图中的蜡烛，如果只使用一种颜色去渲染，就会显得比较生硬，不符合常理，因此使用一种渐变的色彩，就会显得比较和谐。除此以外，对于有些色彩把握不准确的时候，可以从彩色照片中取色，例如，渲染人物皮肤的颜色时，可以在彩色人像照片中取样皮肤的色彩。

3. 渲染颜色

色相混合模式还可以用来渲染画面的色彩。通过前面的学习我们知道，正片叠底混合模式渲染色彩时会让画面的亮度降低，滤色混合模式渲染色彩时会让画面的亮度提高，柔光混合模式渲染色彩时可以让画面的亮度变高，也可以让画面的亮度变低。而颜色混合模式在渲染画面色彩的时候，则不会让画面的亮度发生变化（不考虑不同色系自身的亮度差异）。

在使用色彩层+颜色混合模式渲染色彩时，我们只需要降低色彩层的不透明度即可（100%的不透明度时是单色照片）。

五、色相混合模式

我们知道，色彩有3个特征：色相、明度、饱和度。

色相是一种颜色区分于其他颜色的标准，如红色和黄色。明度是一种颜色的明亮程度。饱和度是指一种颜色的鲜艳程度，一种颜色越鲜艳，对人的刺激感也就越强。色相混合模式就是基于色彩的这3个特征进行色彩渲染的。

色相混合模式通过使用色彩层的色相、原图层的饱和度和明度来生成最终的图像，它与颜色混合模式不同，颜色混合模式是使用色彩层的色相和饱和度、原图层的明度来生成图像。

如果使用颜色混合模式，效果是这样的。

可以看到，画面最终的饱和度变得更高了，因为色彩层的饱和度也偏高，这能够很好地说明颜色混合模式和色相混合模式的区别。也正是因为如此，颜色混合模式可以用来为照片上色，但是色相混合模式则不能完成这一项工作。

六、明度

明度混合模式有非常重要的应用。

在调整一张图片时，因为颜色会持续对我们的大脑产生刺激，容易视觉疲劳，因此在调整曝光的时候会不准确。这时候复制原图，然后把复制图层转为黑白，再调整黑白图层的曝光，最后把这个图层的混合模式改为明度，这个图层的亮度信息就直接传递到下一个图层了。

这个方法的好处是可以更加准确地调整曝光，也不容易视觉疲劳，并且可以有效地防止色彩溢出。

可选颜色

可选颜色在进行色彩调整时有很广泛的应用，它的调色效果较色相调整等方式会更加细腻，并且可以类型化，因此使用频率很高。

可选颜色有3个比较重要的属性。

1. 可叠加性

也就是说当使用了一个可选颜色后，如果感觉画面的色彩效果不是很强烈，可以复制刚才的那一个可选颜色调整，这样就能在原效果的基础上增强效果。

2. 相对与绝对性

在【可选颜色】对话框的最下方有两个选项：相对与绝对。

相对是按照总量的百分比更改现有的青色、洋红、黄色或黑色的量，绝对则采用绝对值调整颜色。从直观感受上而言，绝对算法带来的色彩变化更加剧烈，并且它可以为画面增加新的色彩，这是相对算法无法做到的。

例如在相对算法下，为纯黄色中添加青色画面不会有任何变化，因为纯黄色中的青色为零，而绝对算法下则可以让画面变成绿色。

因此，我们要根据自己的需要，合理选择相对选项和绝对选项。

3. 可选择性

我们可以通过可选颜色工具选择不同的色彩进行调整，以实现更加精确的效果，同时可以更好地排除其他色彩的干扰。

在可选颜色工具中，可以选择的颜色有红、黄、绿、青、蓝、洋红、黑、白、灰这9种颜色。

其中红、绿、蓝为色光三原色，青、黄、洋红为印刷三原色。

我们可以根据自己的表达需要，选择不同的对象进行调整，当调整一种色彩时，这种色彩就有可能由一种颜色变为另一种颜色，从而为我们服务。

在学习可选颜色工具之前，必须学习一些基础的色彩知识，这样才能深入理解可选颜色工具的本质，也才能帮助我们更好地掌握可选颜色工具，而不仅仅是生硬地记忆各种调整组合。除此之外，后面在讲到通道曲线的色彩变化过程时，色彩原理也能给我们带来很大的帮助。

一、光与颜色

光在自然界中非常常见，它带给我们光明，赋予了世间斑斓的色彩，与摄影更是有着十分密切的联系。有人曾经说过，摄影就是用光的艺术，由此可见光的重要性。

自然光通过三棱镜后形成可见光谱。

光是一种电磁波，我们之所以能够看见光，是因为光中的光子与视网膜接触之后，引起了感光细胞中的感光元素的光化学变化，从而转化为一种信号被大脑所感知。

但是，并不是所有的光都可以看见，我们只能看见很小一部分的光，这一部分能够被我们看见的光，称为可见光，可见光的波长范围大概是380～780nm，例如，红色的波长范围大概是620~750nm，黄色的波长范围大概是570～590nm。

那么颜色又是什么呢?

人眼中有两种细胞，视杆细胞和视锥细胞。视杆细胞具有相当大的面积为视色素，因此极具捕获光线的能力。但由于其仅有一种光敏色素，因此很难形成色觉。

而视锥细胞通常分为三类，它们有着特定的波长敏感范围，主要负责颜色识别，并且在相对较亮的光照下更能发挥作用。

当光线进入人眼的时候，如果正好有相应的视锥细胞对这部分光线产生了反应，大脑就知道这种光线的颜色了。

所以颜色就是一种观念的集合，是人眼对外界刺激带来的感受的总结。

为什么色光的三原色是红、绿、蓝呢？

色光三原色是红、绿、蓝的原因并不是由光本身的物理性质决定的，而是由人眼独特的生物结构决定的。

前面提到，视锥细胞只对特定波长范围的光敏感，人有3种视锥细胞，其中一种细胞对红色光所在的波长范围很敏感，另外一种对绿色光所在的波长范围很敏感，第三种对蓝色光所在的波长范围很敏感，这样一来，大脑就可以根据这3种细胞的敏感程度来判断光线的色彩了①。

同时，大脑不仅仅可以识别红、绿、蓝3种颜色，还可以识别基于红、绿、蓝颜色混合而成的色彩，这也是通过细胞对红、绿、蓝光线的敏感程度来实现的。我们把对红光敏感的细胞称为L视锥细胞，对绿光敏感的细胞称为M视锥细胞，对蓝光敏感的细胞称为S视锥细胞。如果现在一束光进入眼睛后，L视锥细胞最兴奋，M视锥细胞次之，S视锥细胞最不兴奋，那么大脑就会根据这3种细胞的不同兴奋程度做出判断，得到进入眼睛的光是橙色的这一结论。

综上所述，因为红光、绿光、蓝光的波长范围正好是人眼敏感的波长范围，而其他颜色也是依据人眼对它们的敏感程度得来的，同时，这3种光不能再分解，所以红、绿、蓝就成了色光的三原色。

最后需要注意的是，我们生活中看到的光大多是复合光，例如我们从计算机显示屏上看到的黄色，它并不是计算机发出了黄色的单色光，而是由红色和绿色复合而成的。

二、加色与减色

前面讲到了人为什么能够看见光，以及色光的三原色。环顾周围的世界，会发现我们身边的颜色以两种形式存在。一种是可以自己发光的物体，例如，太阳、显示屏等。一种是自己不能发光的物体，例如，书本、桌椅、花草等。

那些可以自己发光的物体，如显示屏，它可以自己发出红、绿、蓝的光线来刺激视锥细胞，从而让人产生颜色的感觉。这种通过混合色光，呈现出另一种色光的感觉的方法为加色。因为加色是几种光线的叠加，所以合成色彩的亮度会提高。

我们日常使用的手机显示器能够自己发光。

---

① 实际上眼球中的椎状细胞并非对红、绿、蓝三色的感受度最强，但是因为椎状细胞所能感受的光存在一定带宽，因此红、绿、蓝也能够独立刺激视锥细胞。

水果不能自己发光，它是通过反射光线来呈现色彩的。

而那些自己无法发光的物体，它们色彩的呈现就必须借助其他可以发光的物体（如太阳等），当发光物的光线照射到这些物体上面时，这些物体会吸收一部分光线，反射或透射一部分光线，被反射或透射的那一部分光线才是看见的光线。这种通过吸收或减去某些光线来呈现色彩的方式为减色。物体吸收的光线越多，它的亮度就会越低。

例如，当一个物体吸收了蓝光，反射了红、绿光，那么这个物体的色彩就是黄色。

同理，如果一个物体吸收了红光，反射了绿、蓝光，那么这个物体的色彩就是青色，其余色彩以此类推。如果一个物体吸收了所有的光，那它就是黑色，如果一个物体反射了所有的光，那它就是白色。

用过水彩的人都知道，当把多种颜料混合在一起的时候，颜料会越来越黑，这是因为颜料自己不会发光，所以必须通过吸收、反射光线来表现色彩。当多种颜料混合在一起的时候，被吸收的光就越来越多，自然也就越来越黑了。

三、RGB与CMYK

RGB色彩模型是基于加色的一种色彩模型，如右图所示，它可以把一种颜色分解为R、G、B3个分量。

日常使用的显示器就是采用的RGB色彩模型，它的每种 RGB 成分都可使用从 0（黑色）到 255（白色）的值。当3种成分值相等时，产生灰色；当所有成分的值均为 255 时，结果是纯白色；当该值为 0 时，结果是纯黑色。

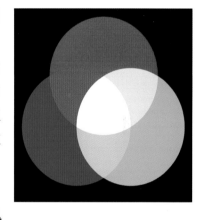

通过放大镜观察显示器，会发现存在很多红、绿、蓝的矩形条，1个像素一般包含3个子像素，分别是红色子像素、绿色子像素、蓝色子像素，它们通过加色的方式混合出各种各样的颜色，因此，显示器可以显示很丰富的色彩。CMYK色彩模型则是一种基于减色的色彩模型，这种色彩模型经常用于印刷出版。因为我们目前还没有找到合适的可以自己发光的印刷材料，所以目前的印刷品是不能自己发光的，必须依靠外来的光线才能看清印刷品上面的文字。

我们通过放大镜观察彩色印刷品，就可以看见很多的原色点。

CMYK是4种印刷油墨名称的首字母，其中C代表青色，M代表洋红色，Y代表黄色，K代表黑色，通过这四种颜色可以混合出丰富的其他色彩。

从理论上而言，青色、洋红色和黄色3种油墨是可以混合出黑色的，那么为什么还要加入一个K元素呢？那是因为现在的油墨提纯技术的限制，无法得到纯正的CMY色彩，也就很难印刷出纯正的黑色，因此加入了黑色去辅助渲染黑色。

还有一方面原因，当用彩色打印机打印黑白印刷品时，如果必须使用CMY去混合黑色，这样会加大印刷的成本，因此，加入K元素也可以节省成本。

四、色彩的变化规律

前面讲到了色光的三原色：红，绿，蓝，当把红绿蓝这3种光按照同等比例进行混合的时候，就会得到白色。

三原色中任意两种颜色等量相加，则成为三原色中另一种颜色的补色。如等量的红色+绿色=黄色，与蓝色互补；等量的红色+蓝色=洋红色，与绿色互补；等量的绿色+蓝色=青色，与红色互补。

在加色模型（如RGB系统）中，光线会叠加，互为补色的颜色等量相加会得到白色，即红色+青色=白色，绿色+洋红色=白色，蓝色+黄色=白色。

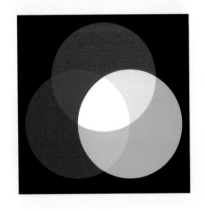

根据这个图，我们可以得到以下结论。

红色<=>青色=绿色+蓝色

绿色<=>洋红色=红色+蓝色

蓝色<=>黄色=红色+绿色

注意，<=>的意思是互补于。

前面还讲到了印刷时使用的三原色：青色、洋红色、黄色。可以发现，印刷的三原色与光的三原色正好是互补色。

黄色油墨吸收蓝色光，反射红色光、绿色光，青色油墨吸收红色光，反射蓝色光、绿色光，洋红油墨吸收绿色光，反射红色光、蓝色光。

当我们把黄色油墨和青色油墨混合时，这两种油墨会互相吸收红色光和蓝色光，但都会共同反射绿色光，因此，把黄色油墨与青色油墨等量混合会得到绿色，即黄色+青色=绿色，同理，黄色+洋红=红色，青色+洋红=蓝色。

在减色模型（如CMYK系统）中，光线被吸收，互为补色的颜色等量相加会得到黑色（理论上），即红色+青色=黑色，绿色+洋红色=黑色，蓝色+黄色=黑色。

五、基本应用

可选颜色是在高端扫描仪和分色程序中使用的一种技术，用于在图像中的每个主要原色成分中更改印刷色的数量。我们可以利用油墨原色的色彩变化，推导出可选颜色的色彩变化过程。

同时，我们可以有选择地修改任何主要颜色中的印刷色数量，而不会影响其他主要颜色。例如，可以使用可选颜色减少图像绿色中的青色，但同时保留蓝色中的青色不变。

1. 黄色+青色

根据前面讲到的色彩原理可以得知，黄色+青色=绿色。因此，如果向黄色里面加入青色①，就可以让树木更加青翠。这一个色彩组合经常用来调整草地、森林、绿叶等元素。

在使用的时候，一般使用"相对"选项，这样调整的效果才更加细腻、真实。

① 在RGB颜色模式下，调整青色只影响R值（青加R减，青减R加），在CMYK颜色模式下，调整青色只影响C值（青加C加，青减C减），以此类推。

2. 黄色+洋红

根据之前讲到的色彩原理可以得知，黄色+洋红=红色。

这一个色彩组合通常用来调整秋天的景物，例如，枫叶，使用这个色彩组合可以很好地渲染画面的秋天氛围。

3. 青色+洋红

根据之前讲到的色彩原理可以得知，青色+洋红=蓝色。

这一个色彩组合通常用来调整天空、湖水等元素，它可以让天空变得更加湛蓝、清澈，也可以让湖水看上去更加赏心悦目。

4. 红色+青色

　　根据前面讲到的色彩原理可以得知，红色+青色=黑色。

　　利用这样一个色彩组合，可以修正画面的色偏，也可以调整画面中色彩的明暗程度。

六、综合应用

下面介绍一些可选颜色的综合调整，它的色彩变化遵循前面提到的色彩原理。这些综合调整同时调整多个参数，其针对性更强，效果更好。首先，讲述3个比较重要的细节。

一是注意"相对"和"绝对"选项的控制。一张图是使用"相对"选项还是"绝对"选项，是由具体画面和表达需求决定的，并不存在某种固定的搭配。

二是可选颜色是可以叠加的，因此如果觉得画面的效果不够强烈，可以复制刚才使用的可选颜色。

三是注意结合蒙版来将不需要产生色彩变化的区域涂抹出来，例如，人物的面部。

1. 风光类

下面以黄色为示例颜色，绿色可参考此进行调整。

（1）绿色色彩组合。

这个色彩组合可以用来调整风光照片，特别是对于树木、草地等有非常明显的效果。它可以让画面显现出绿色，让画面充满生机与活力。

（2）黄色色彩组合。

这个色彩组合可以让画面显现出黄色，特别适合用来调整秋天拍摄的风光照片。它可以让树木呈现出更加浓烈的秋色。

（3）红色色彩组合。

这一个色彩组合可以让画面呈现出红色，特别适合用来调整枫树等红色元素的风光照片。

（4）色偏色彩组合。

这个色彩组合可以让画面呈现出色偏，特别适合用来模拟胶片风格、日系风格及复古风格，使用的场景多为带有绿色的元素，例如，树木、草地等。

2. 人像类

（1）红色色偏调整组合。

这个色彩组合主要用来消除皮肤中的泛红部分，可以很好地纠正人物面部存在的红色色偏。

（2）红黄综合调整。

这个色彩组合可以用来消除皮肤中的红色色偏和黄色色偏。

（3）通透皮肤组合。

这个色彩组合可以在消除皮肤中的红色色偏的同时，适当为皮肤增加黄色，同时提高皮肤的通透度。

（4）可选颜色与皮肤肤色的对应关系。

其实可选颜色和肤色之间并不存在直接的联系，只不过因为人的皮肤普遍比较泛红，加上相机的白平衡容易让人物的面部偏红，所以可以通过这样一个特征和色彩的原理，来对人的肤色进行处理。

① 青色：控制皮肤的红色程度。

当你向右拉动浮标的时候，人物面部的红色色偏就会得到一定程度的消除。

② 洋红：某些特殊肤色下使用。

这个浮标在人像调整中通常用得比较少，它一般用来制造一些特殊的视觉效果。

③ 黄色：控制皮肤的黄色程度。

当你向右拉动浮标的时候，人物面部的黄色会更加明显。

④ 黑色：控制皮肤的通透程度。

当你向左拉动浮标的时候，人物面部的亮度会提高，给人一种通透的感觉。

3. 天空类

下面以青色为示例颜色，蓝色可参照此进行调整。

下面讲述的色彩组合不适用于日出、日落等特殊场景，而是指常见的白天的天空。

（1）蓝色天空。

这个色彩组合可以用来调整天空，让天空变得更蓝。

在使用过程中，要注意一些细节，就是可以通过调整黑色选项的数值来控制色彩的浓度。

（2）青色天空。

青色天空色彩组合一般辅助蓝色天空进行调整，可以
调出非常舒适的天空色彩。

这个色彩组合可以让天空呈现出青色调，从而调整出
非常柔和、漂亮的天空色彩。

（3）滤镜色调。

这个色彩组合可以让天空呈现出平和、稳重的色彩。

（4）紫色天空。

这个色彩组合可以让天空呈现出紫色，从而制造一些
特殊的视觉效果，特别是在日落前后使用会有比较梦幻的
效果。

堆栈

简单而言，堆栈是一种计算方法。图像堆栈将一组参考帧相似，但品质或内容不同的图像组合在一起。将多个图像组合到堆栈中之后，就可以对它们进行处理，生成一个复合视图，从而消除不需要的内容或杂色。

可以使用图像堆栈在很多方面增强图像如下所述。

·减少法学、医学或天文图像中的图像杂色和扭曲。

·从一系列静止照片或视频帧中移去不需要的或意外的对象。例如，可能需要移去从图像中走过的人物，或移去在拍摄主体前面经过的汽车。

图像堆栈将存储为智能对象。可以对堆栈应用的处理选项称作堆栈模式。将堆栈模式应用于图像堆栈属于非破坏性编辑，可以更改堆栈模式以产生不同的效果，堆栈中的原始图像信息保持不变。要在应用堆栈模式之后保留所做的更改，需要将结果存储为新图像或栅格化智能对象。可以手动或使用脚本来创建图像堆栈。

以上是一些官方的解释，通俗来说，所谓堆栈，就是将多张照片叠在一起，然后使用某种计算方法对这堆照片进行计算，最后得到一张合成的照片。

例如，我们可以用堆栈来合成星轨。

如果只曝光几秒，拍摄出来的就是星星，是一个又一个孤立的点。但是如果拍下很多张星星的照片，然后使用堆栈，会出现什么效果呢？

例如，天空中有一颗叫Allen的星星，它在A照片中的位置是甲，在B照片中的位置是乙（因为移动了），在C照片中的位置是丙，我们使用堆栈，以最大值为算法（简单理解就是，上下两个同样位置的像素对比，选取亮的那一个像素），那么因为Allen这颗星星很亮，周围又没有其他星星，所以合成到D照片里面，Allen这颗星星就出现了3次，如果照片很多，那么就会连成一条线，也就可以用来合成星轨了。

正如刚才所提到的，用的是最大值的算法，其实还有很多其他的算法，例如，平均值，不同的算法出来的效果不一样，用途也不一样。

一般而言，堆栈具有如下用途。

1. 叠加星轨

当我们采用了最大值的计算方法，它会计算所有图层中非透明像素的最大通道值。因为星星通常亮度比周围的高，所以很多张这样的照片叠加起来就能合成星轨。

2. 模拟慢门

慢门采用的是平均值的算法，简单理解就是，我们在同一个位置拍摄了3张照片，

然后选定一个A位置，第一张照片A位置的亮度值是10，第二张是20，第三张是30，那么最后合成的照片A位置的亮度值是20（亮度值加起来除以3）。

如果使用减光镜（假设系数为3），那么在第一张照片A位置物体释放的亮度是10，第二张照片A位置物体释放的亮度是20，第三张照片A位置物体释放的亮度是30，因为我们使用了减光镜，所以数码相机感受到的是10/3，20/3，30/3，最后反映到A位置的亮度是20。

这虽然不是一个严谨的解释，但大体上可以解释为什么使用平均值算法能够模拟慢门。

3. 降噪

平均值也可以用来降噪。一般情况下，照片A位置的亮度是处于一个相对稳定的值，当你拍摄了足够多的照片，那么偏离了这个稳定值的像素（如噪点）会被其他大量的位于稳定值区间的像素拉回来，因此能够呈现出物体的本来面貌，也就实现了降噪的目的。

在天文摄影中，因为需要很长时间的曝光，因此会产生不少噪点，这时候利用堆栈技术就可以有效抑制这些噪点。

4. 扩展动态范围

堆栈在降噪的同时，还能实现拓展画面动态范围的作用。

要使用堆栈功能，就需要用到一款插件：StarsTail，这是一款专门用于堆栈的插件。

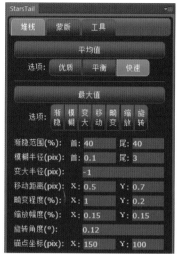

可以看到，在StarsTail这款插件下面有3个大类：堆栈、蒙版与工具。

堆栈主要是用来模拟慢门、降噪、拓展动态范围和制作星轨的。蒙版主要用来进行分区调整和方便抠图调整。工具可以进行锐化、柔化和降噪等操作。

"堆栈"下面拥有平均值与最大值两个分类，平均值有优质、平衡、快速3个选项，最大值有渐隐、模糊、变大、移动、畸变、缩放、旋转7个选项。"蒙版"下面拥有灰度蒙版和色彩蒙版。"工具"下面拥有锐化、柔化、降噪、去白、搜星等功能。

我们在合成星轨、模拟慢门、分区调整时都会用到这款插件。

分区调整，顾名思义，就是对不同的区域采用不同的处理方法。

分区调整法的核心要素在于，你需要在大脑中建立起分区处理的模型，当看到一张照片时，头脑中的第一个念头是，这个区域亮度-3，这个区域饱和度+2，这个区域对比度+3，如果能做到这样，你就已经把握了分区调整的精髓。

分区调整的"区"不一定是一个巨象的区域，比如选择蓝色通道时，你很难直接从图像中看出哪些区域属于蓝色通道。实际上，有可能每一个像素都会随着蓝色曲线的调整而发生改变，所以，蓝色通道对应的是每个像素里面的蓝色部分。

分区调整法最大的意义在于让我们具有拆分思想，一张图的后期如果需要做得精细，分区调整的思想是必不可少的，这在我们进行后期学习的过程中一定能够体会得到。

我们可以从3个大的方面来划分分区调整的类型，一是按照曝光区域划分，二是按照色彩划分，三是按照指定区域划分。

一、按曝光区域划分

我们知道，可以把0~255这256个亮度等级按照一定的标准进行划分，例如，划分为阴影、中间调、高光，在一张照片中，天空一般对应着高光，我们调整高光的时候，实际上更多的是在调整天空，这样就不会影响到地面区域，如此一来就实现了分区调整。

下面这些工具可以用作曝光的分区调整。

1. 曲线工具

曲线工具可以针对不同的曝光区域分别进行调整，只不过曲线工具的精准度不高，例如，这条曲线就是锁定了阴影和高光，提亮了中间调。

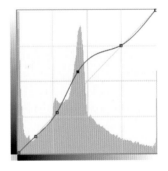

2. 色彩平衡工具

色彩平衡工具可以针对不同的曝光区域，给相应的区域加入相应的色彩。例如，选择阴影，然后把最下面的浮标向黄色拉动，这时就可以为画面的阴影部分加入黄色，中间调和高光受到的影响则比较小。

3. StarsTail

我们可以通过StarsTail这款插件按照曝光将画面划分为一定的区域。

StarsTail提供了3种划分方式。

·一种是划分为暗、中、亮3个区域。这里又提供了5个分组，可以看到，每一个分组里面，暗、中、亮三者的比例都在发生一定的变化。

·一种是划分为0~10共11个区域。

·一种是划分为偏暗、暗灰、亮灰、偏亮4个区域。

在"选项"的右边有7个按钮，这7个按钮的作用分别如下。

第一个按钮：添加/替换蒙版。单击这个按钮后，它会变成蓝色，这时候再选择下面的任意一个区间，例如，选择"中3"，就会自动在原图上建立一个蒙版。

如果再调整这个复制图层，它就会产生局部调整的效果，它影响的只是中间调部分。

第二个按钮：相加。这个按钮就是向当前蒙版中再添加一个蒙版。

例如，我们为刚才这个蒙版再加入一个"暗3"。

可以看到，蒙版中的白色区域更大了，因为"暗3"也纳入了我们的调整范围。

第三个按钮：减去。这个按钮就是在当前蒙版中再减去一个蒙版。

第四个按钮：相交。这个按钮就是取两个蒙版相交的部分。

第五个按钮：叠加。这个按钮就是叠加蒙版。简单理解就是增强蒙版的对比，让白的地方更白，黑的地方更黑，从而让可以调整的区域更加精准。

可以看到，经过几次的叠加，蒙版部分的黑白更加分明，这时候我们调整的区域也就更加准确了。

第六个按钮：观察蚂蚁线。单击这个按钮之后，再单击下面的某个曝光区域，例如，中3，画面中就会出现蚂蚁线，方便我们预览。

第七个按钮：观察通道。单击这个按钮之后，再单击下面的某个曝光区域，例如，中3，画面中就会出现相应的通道，方便我们预览。

那么该如何使用呢?

打开一张图片。

首先单击左上角的开始按钮,建立全部灰度通道。

然后选择一个合适的调整区域,我们可以通过观察按钮去观察各个蒙版。

例如,我们选择"亮3",先单击添加/替换蒙版按钮,然后单击"亮3",这时候就建立了一个蒙版。

此时调整复制图层，效果就只会应用到"亮3"这个区域，例如此刻压暗复制图层，最后的效果如右图所示。

可以看到天空的亮度明显变暗了，但是草地和树木受到的影响则较小。

当然，它还可以进行进一步操作。

叠加几个"亮3"，这时候蒙版变成了这样，可以看到它的黑白对比更加强烈了。

然后按住【Ctrl】键单击蒙版，这时候就形成了一个选区，把这个选区独立出来。

去掉复制图层前面的眼睛图标，把独立选区的混合模式改为滤色。

然后对独立选区使用高斯模糊，最后形成的就是这样的发光效果。

当然还有很多其他曝光区域调整工具，这里介绍的是最常见的。

二、按色彩划分

1.曲线工具

曲线工具的通道曲线其实就是按照色彩进行的调整。关于曲线工具通道曲线的具体使用，第3章会有详细的讲述。

2.可选颜色工具

可选颜色工具可以针对不同的色彩进行调整。可选颜色的具体使用方法在前面已经详细介绍过，读者可自行查阅。

3.色相工具

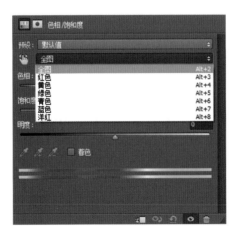

色相工具可以直接调整一种色彩的色相、饱和度、明度这3个属性，这在后面会有专门的讲解。

4. StarsTail

在StarsTail蒙版选项的最下面有红、绿、蓝等颜色，通过这里可以建立色彩蒙版。

它的基本使用方法与灰度蒙版一样。

打开一张图片。

建立所有色彩通道。

然后选择一个合适的调整区域，我们可以通过观察按钮去观察各个蒙版。

可以看到，当我们选择绿色时，画面中的白色部分很少，这说明画面中的绿色很少。

例如，选择暖色，先单击添加/替换蒙版按钮，然后单击暖色，这时候就建立了一个蒙版。

调整复制图层，效果就只会应用到暖色区域，例如，此刻提亮复制图层，最后的效果如右图所示。可以看到，树干受到提亮操作的影响很小。

三、按指定区域划分

　　所谓按指定区域划分，就是人们利用选区工具自由建立的区域，这个方法灵活度非常高。

　　例如，我们常用的自然饱和度工具是这样的，它的调整是全局性的，没有进行分区。但是如果使用选区+自然饱和度工具，这时候的操作手法就属于分区调整了。

第3章 达成效果的方法与步骤

　　本章是与第1章相对应的。在第1章里面，我们学习了如何去识别一张照片的画面特征，本章我们将要学习的就是如何将这些识别出的画面特征逐一"破解"。例如，当我们观察一张照片的主色调是暖色时，我们该如何达到暖色效果呢？是选择色温工具，还是选择色彩层+混合模式的方式，或者选择曲线进行调整？这几种方法有什么异同？又存在什么优劣？这就是本章将要学习和掌握的内容。

实战：暗角

暗角的实现有很多种方法，常见的有渐变工具和插件。渐变工具是使用径向渐变工具建立一个从无色到黑色的渐变，然后调整图层的不透明度以达到效果。

插件是通过一些Photoshop插件去实现暗角效果。推荐大家使用插件去添加暗角，因为它使用方便，操作简单，效果丰富，可定制程度高。在这里给大家介绍一款插件：Alien Skin Exposure。

打开这个插件之后，可以看到一个Vignette选项，这个选项就是用来添加暗角的。

· Preset 就是各种预设。

· Amount 当往左拖动滑块时就是亮角，往右拖动滑块就是暗角，越往两边拉，它的数量就越多。

· Size 暗角的范围，数值越低，影响暗角的范围就越大。

· Roundness 暗角的圆度，数值越大，暗角越接近圆形。

· Softness 暗角边缘的柔化程度。

· Distortion 暗角的扭曲程度。

· Lump Size 调整黑角的块状程度，数值越大，它的边缘就越平滑，越规则。

为了方便理解，可以参考下面的效果图。当Lump Size数值越大的时候,边缘就会越平滑。

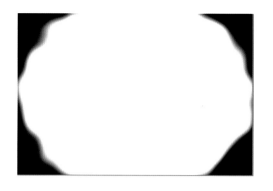 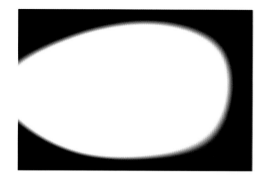

- Vignette Location 调整暗角的中心位置。
- Random Seed 随机生成一些暗角效果。

一般而言，上述这些参数就已经能满足绝大多数添加暗角的需要了。

实战：低光缺失

我们可以通过两种方式制造低光缺失效果。

一、图层法

　　新建一个图层，然后填充纯白色，再调整这个图层的不透明度来实现低光缺失效果。但这个方法操作烦琐，需要通过多个步骤去实现低光缺失效果，因此不推荐使用这个方法。

二、曲线法

　　还可以通过使用低光压缩曲线来实现低光缺失的效果，推荐使用这种方法。这种方法已经在第2章详细讲解过，这里就不再展开讲述。这种方法操作简单，使用方便，效果直观，是非常高效的后期手段。

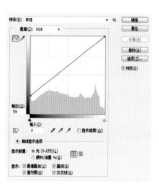

实战：主色调

主色调的渲染可以通过多种方式实现，例如，色温工具、色调工具、色彩层+混合模式、色彩平衡等，这里着重介绍一下色彩层+混合模式，其他工具后面会陆续介绍。

色彩层+混合模式会同时影响画面的曝光与色彩，我们可以借助它同时调整这两个参数。

一、色彩层+滤色

这一个组合可以让画面的曝光增加，同时会影响画面的色彩，并且更多地影响到画面的阴影部分。这一个组合通常用于日系摄影、时尚摄影之中。我们可以利用它提高画面的纯净程度，还可以为画面制造色偏，是一种十分理想的色彩调整模式。

这是原图。

我们使用下面这个色彩组合。

画面的效果是这样的。可以看到，画面充满了一种蓝色色调，并且具备了一种朦胧的感觉。

二、色彩层+柔光

　　这一个组合对于画面曝光的影响比较柔和，但是会比较强烈地影响到画面的色彩，这个混合模式会让色彩层与原图产生一种融合的效果。这一个色彩组合也非常重要，它经常用来渲染主色调。我们可以很明显地看到柔光与滤色的区别。使用柔光混合模式后，画面由暖色变成冷色了，但是曝光的变化不大。滤色混合模式不仅使画面变冷了，还变亮了。

三、色彩层+正片叠底

　　这一个组合会让画面在变暗的同时影响画面的色彩，产生一种与高光压缩相似的画面效果。这一个色彩组合也具有十分重要的应用，它在营造安静、忧郁的氛围时有非常独特的优势。可以看到，这样的画面给人的感觉非常安静，因为画面的纯白部分已经被抹掉了，没有纯白色刺激人的眼睛，自然就显得比较宁静。

四、色彩层+色相

　　这一个组合可以把色彩层的色相应用到原图上面，大幅度地影响画面的色彩，如果说柔光混合模式让色彩层与原图产生了融合，那么色相混合模式则让色彩层对原图实行了改造。这个混合模式在第2章已经进行了详细的论述，这里就不再展开，大家可以自行翻阅。

五、色彩层+颜色

　　这一个组合可以把色彩层的色相和饱和度应用到原图上面，大幅度地改变画面的色彩和饱和度，它还可以用作为黑白图像上色。这个混合模式在第2章已经进行了详细的论述，这里就不再展开，大家可以自行翻阅。

六、渐变映射+混合模式

　　渐变映射是一个与亮度相对应的颜色渐变。例如，我们对一张图片使用一个渐变映射，可以看到画面的阴影被映射成紫色，高光被映射成橙色了。

渐变映射上下各有几个浮标，上面的用来调整不透明度，下面的用来调整颜色，这样就为渐变映射加入了一种新的颜色。

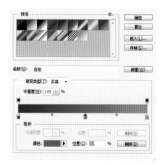

我们很少单独使用渐变映射，因为渐变映射形成的画面效果过于强烈，这时候就需要结合混合模式来使用它了。下面介绍几个经典的渐变映射+混合模式组合。

1. 渐变映射+滤色混合模式

把渐变映射图层的混合模式改为滤色。这一个组合使用的频率很高，它可以让颜色有一种悬浮在图片之上的感觉，十分微妙。

2. 渐变映射+柔光混合模式

把渐变映射图层的混合模式改为柔光。这一个组合可以让色彩与原图很好地融合，同时会提高画面的对比度。

3. 渐变映射+色相混合模式

把渐变映射图层的混合模式改为色相。这一个组合可以直接改变画面的色彩，但是不会对曝光产生明显的影响。

4. 渐变映射+颜色混合模式

这一个组合可以将渐变映射图层的色相和饱和度应用于原图。

还有渐变映射与其他混合模式的组合大家也可以自行尝试一下。

| 实战：色偏

我们有很多种方式可以制造色偏，常见的有：可选颜色、色彩层、色相工具、曲线工具、色彩平衡、照片滤镜等。

一、可选颜色

可选颜色是比较理想的调整色偏的工具，因为它的变化比较丰富，效果比较细腻，所以推荐使用可选颜色去制造色偏。

关于可选颜色的具体使用技巧，我们在第2章已经进行了非常详细的叙述，大家可以自行翻阅。

二、色彩层

使用色彩层制造色偏有一个最大的优势是能够同时调整色彩和曝光，因此它的使用也非常广泛。在上一节我们已经讲述了很多关于色彩层的使用方法，这里也不再展开。

三、色相工具

前面讲到了色彩的三要素：色相、明度、饱和度，色相工具就是针对色彩的这3个要素进行调整。因为色偏是从一种颜色转换到另一种颜色，所以色相工具可以满足我们转换色彩的需求。

色相工具相对于可选颜色工具，其色彩的跨度更大，颜色变化更加剧烈，比较适合于需要大幅度转换色彩的作品，也正因为如此，比较容易出现色彩溢出等不正常现象。在利用色相工具调整时，可以根据我们的需要选择不同的颜色进行调整。

四、色彩平衡

　　色彩平衡与色相工具的区别在于，色彩平衡是以颜色作为分类依据进行调整，而色彩平衡是以曝光区域作为分类依据进行调整。可以选择阴影、中间调或高光进行调整，这样的一个优势是可以提供更加精细化的选择。例如，我们想为一张照片的阴影加入蓝色，如果使用色相工具或者可选颜色工具，实际上都是比较困难的，但是使用色彩平衡工具就相对比较容易实现。

五、曲线工具

　　利用曲线工具调整色彩，主要使用的是红、绿、蓝三色的通道曲线。

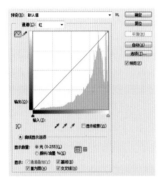

1. 红色通道曲线

　　· 当提亮红色通道曲线的时候，画面会整体偏红。

　　· 当压暗红色通道曲线的时候，画面会整体偏青。

　　· 当对红色通道曲线使用低光压缩曲线时，画面整体会泛红，初段更多影响的是阴影部分。

　　· 当对红色通道曲线使用低光拉伸曲线时，画面整体会泛青，初段更多影响的是阴影部分。

　　· 当对红色通道使用高光压缩曲线时，画面整体会泛青，初段更多影响的是高光部分。

　　· 当对红色通道曲线使用高光拉伸曲线时，画面整体会泛红，初段更多影响的是高光部分。

　　对于这些颜色变化，该如何记忆呢？这时候前面学习的色彩原理就可以发挥作用了。我们可以发现，红、绿、蓝这3个通道其实就是色光的三原色，使用提亮曲线，可以增加颜色本身，例如，红色提亮曲线，可以为画面增加红色。而压暗曲线其实是增加它们的互补色，红、绿、蓝的互补色是青、洋红、黄，因此，使用红色压暗曲线就可以为画面增加青色，依此类推。

2. 绿色通道曲线

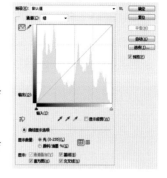

· 当提亮绿色通道曲线的时候，画面会整体偏绿。

· 当压暗绿色通道曲线的时候，画面会整体偏洋红。

· 当对绿色通道曲线使用低光压缩曲线时，画面整体会泛绿，初段更多影响的是阴影部分。

· 当对绿色通道曲线使用低光拉伸曲线时，画面整体会泛洋红，初段更多影响的是阴影部分。

· 当对绿色通道使用高光压缩曲线时，画面整体会泛洋红，初段更多影响的是高光部分。

· 当对绿色通道曲线使用高光拉伸曲线时，画面整体会泛绿，初段更多影响的是高光部分。

3. 蓝色通道曲线

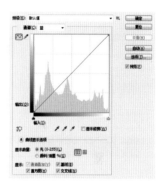

· 当提亮蓝色通道曲线的时候，画面会整体偏蓝。

· 当压暗蓝色通道曲线的时候，画面会整体偏黄。

· 当对蓝色通道曲线使用低光压缩曲线时，画面整体会泛蓝，初段更多影响的是阴影部分。

· 当对蓝色通道曲线使用低光拉伸曲线时，画面整体会泛黄，初段更多影响的是阴影部分。

· 当对蓝色通道曲线使用高光压缩曲线时，画面整体会泛黄，初段更多影响的是高光部分。

· 当对蓝色通道曲线使用高光拉伸曲线时，画面整体会泛蓝，初段更多影响的是高光部分。

六、照片滤镜

在"图像"→"调整"→"照片滤镜"中，也可以使用照片滤镜来为画面制造色偏，它的使用比较简单，只需要选择相应的滤镜即可。

实战：高光缺失

我们可以通过两种方式来实现高光缺失的效果。

一、图层法

新建一个图层，填充纯黑色，然后调整这个图层的不透明度来实现高光缺失的效果。但这个方法操作烦琐，需要通过多个步骤去实现高光缺失的效果，因此不推荐使用这个方法。

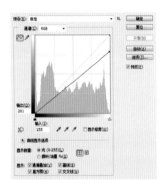

二、曲线法

我们可以通过使用高光压缩曲线来实现高光缺失的效果，推荐使用这种方法。这个方法已经在第2章详细讲解过，这里就不再展开。这个方法操作简单，使用方便，效果直观，是非常高效的后期手段。

实战：模糊

模糊的3种效果：高斯模糊、动感模糊和径向模糊，后两者效果都比较明显，也比较容易观察和使用，下面重点介绍一下高斯模糊。

一、高斯模糊+正常+不透明度

特点

这个组合不会让画面的曝光产生太大的变化，因此相对于原图可以保持一个比较接近的曝光值。同时，通过调整高斯模糊

图层的不透明度，可以营造一种湿润的画面感受，人的皮肤会显得比较模糊，整个画面充满着一种朦胧的感觉。

适用场景

这个组合比较适合不需要大幅度改变曝光，同时又需要制造朦胧感的场景。

使用方法

① 注意高斯模糊的值，高斯模糊的值越大，扩散的范围（模糊范围）就会越大，画面受到高斯模糊图层影响的范围也就会越大。

② 根据需要调整不透明度。

一般而言，在使用这个组合的时候，先把图层的不透明度调为50%，然后根据需要的画面效果确定高斯模糊滤镜应该使用的数值，再应用高斯模糊滤镜，最后对图层的不透明度进行进一步的调整。

③ 注意结合蒙版使用。

其实很多时候并不需要这样的全局模糊，因此可以通过蒙版将不需要的部分擦除。

二、高斯模糊+滤色+不透明度

特点

这个组合会让画面的整体变亮，能够更好地体现出空气质感，以及光线照射在皮肤上面时的光芒质感。

适用场景

这个组合比较适合表现明亮、朦胧、光线感的场景。

使用方法

① 注意高斯模糊的值，高斯模糊的值越大，扩散的范围（模糊范围）就会越大，变亮的区域也会越大。

② 注意根据需要调整图层的不透明度。

③ 注意结合蒙版使用。

三、高斯模糊+正片叠底+不透明度

特点

这个组合会让画面的整体变暗，可以消除皮肤上面的光感，从而让皮肤呈现出油画、水彩画之类的质感。

适用场景

这个组合比较适合表现宁静、忧郁、安静的场景。

使用方法

① 注意高斯模糊的值，如果高斯模糊的数值控制不好，容易让画面出现黑白不均匀的外观。

② 注意根据需要调整图层的不透明度。

③ 注意结合蒙版使用。

四、高斯模糊+柔光+不透明度

特点

这个组合会让画面整体的对比提高，特别是画面明暗交接处，同时也能营造出轻微的朦胧的气氛，结合低光压缩曲线使用能够很好地营造出胶片的质感。

适用场景

这个组合比较适合表现安静、朦胧、质感等场景。

使用方法

① 注意高斯模糊的值，高斯模糊的值越大，画面明暗交接处的对比度就会变小，过渡会平滑一些，反之也成立。

② 注意根据需要调整图层的不透明度。

③ 注意结合蒙版使用。

五、高斯模糊+50%柔光+50%滤色

特点

这个组合会让画面的对比度和曝光值均有所提升，因此，画面的色彩过渡、光照效果、朦胧程度能够得到一个比较好的平衡。

适用场景

适用范围较广。

使用方法

① 二者的混合比不一定要固定为1:1，可以根据自己的需要进行调整。

② 注意这两个混合模式图层要使用同一个高斯模糊效果。

③ 注意高斯模糊的值。

④ 注意根据需要调整图层的不透明度。

⑤ 注意结合蒙版使用。

还有一些组合，例如，高斯模糊+50%正片叠底+50%滤色，高斯模糊+20%正片叠底+50%滤色+50%柔光。大家都可以自行尝试一下，但是，上面5个基本类型是最基础也是最重要的。

实战：高对比

高对比的实现非常简单，我们通常可以采用以下两种方式来实现这个目的。

（1）曲线法。

（2）对比度工具法。

我们可以通过提高对比度曲线或直接调节在【亮度/对比度】对比度值来实现这种效果。

在使用曲线和对比度这两个工具的时候，如果想增强画面效果，可以叠加多个使用。

高对比效果一般用于消灰，很多时候也会与低光压缩曲线或直角曲线结合起来使用来模拟胶片效果。

我们使用一条高对比曲线和直角曲线的复合曲线，得到的效果是这样的。

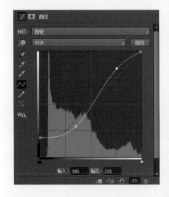

实战：HDR

本节将给大家介绍一种完全不同的HDR后期模型，这个模型将亮度信息与色彩信息分离处理，可以将HDR做到最大程度的自然、真实，能够有效地避免HDR脏、乱、后期痕迹明显等现象。

Photomatix是一款专门合成HDR的后期软件。这个软件界面下方有两个基本模式：Tone Mapping和Exposure Fusion。

前面介绍过HDR的原理，它是把多张不同亮度的照片合成为一张HDR图像，但是因为显示器无法直接显示HDR图像，所以会经过一个Tone Mapping（色调映射）的过程，让HDR图像可以显示出来。

而Exposure Fusion并不需要合成HDR图像，它是直接合成一张与显示器可以显示的亮度范围相匹配的图像，因此并不需要经过Tone Mapping这个过程。

这种后期手法最大的优势是最终合成的图像更接近平常相机所拍摄的图像，也就是效果会更加自然，可以消除由于HDR合成而出现的边缘光感、光线衍射、色彩失真等现象。

Exposure Fusion模式必须在多张不同曝光级别的照片下使用，单张照片无法使用这个模式。

下面分别介绍一下这两种模式下的参数的含义。

一、Tone Mapping：Details Enhancer Settings

· Strength：调整画面中对比与细节的变化强度，一般用于增强整体的画面效果，100为最大，默认为70。

· Saturation：调整画面的饱和度。

· Tone Compression：调整画面的动态范围。向右移动浮标会让画面的阴影变亮，高光变暗，从而呈现出超现实的效果。向左移动会起到相反的效果，会让画面看起来更加自然。

· Detail Contrast：调整画面细节的对比强度。向右移动浮标可以增强画面的对比度，使画面看起来更加锐利，同时也会使画面变暗。向左移动浮标，会降低画面的对比度，同时会让画面变得更亮。

· Lighting Adjustments Pane：这两种调整模式会影响图像的整体外观，它可以控制画面的自然程度。

· Lighting Adjustments Slider：这个面板可以控制图像的整体外观是更加偏向于自然还是超自然。向右移动会让画面看起来更加自然，向左移动会让画面看起来更像油画或者更像超自然的画面。

· Lighting Effects Mode Checkbox：光照模式可以让你在两种模式之间切换，两种模式可以制造不同的画面效果。

· Smooth Highlights：降低高光部分的对比，可以减少物体周围的白光，也可以平滑高光部分的画面，例如，天空，也可以避免高光部分变为灰白色。

· White Point：设置画面的白点。向右移动浮标可以提高画面的亮度，增加全局的对比度。向左移动会降低画面的对比，降低画面的亮度。

· Black Point：设置画面的黑点。向右移动浮标会增加画面的对比度，降低画面的亮度。向左移动会降低画面的对比度，增加画面的亮度。

· Gamma：调整中间调的亮度，也会对全局的对比度产生影响。向右移动浮标会增加中间调的亮度，降低画面的对比度。向左移动会降低中间调的亮度，增加画面的对比度。

· Micro Smoothing：可以平滑画面的细节，它可以降低画面天空的噪点，同时会给画面一个更加干净的效果。

· Saturation Highlights：这个选项可以调整画面高光部分的饱和度。

· Saturation Shadows：这个选项可以调整画面阴影部分的饱和度。

· Shadows Smoothness：这个选项可以降低画面阴影部分的增强效果，使阴影过渡更加平滑。

· Shadows Clipping：这个选项可以设置有多少阴影范围成为黑色。它可以消除阴影部分的画面噪点。

二、Tone Mapping：Contrast Optimizer Settings

· Strength：调整增强画面对比与细节的强度，最大为100。

· Tone Compression：调整画面的动态范围。向右移动浮标会让画面的阴影变亮，高光变暗，从而呈现出超现实的效果。向左移动会起到相反的效果，会让画面看起来更加自然。

· Lighting Effect：控制阴影的突出，影响图像的整体外观，向右移动浮标可以提高阴影部分的亮度，让画面更加超现实，当数值为0时会禁用光照的影响，不会影响阴影部分。

· White Clip：调整画面高光剪影的数量。向右移动浮标可以增加画面的亮度和画面的对比度。向左移动会降低画面的亮度（减少高光剪影）和对比度。

· Black Clip：调整画面阴影剪影的数量。向右移动浮标会降低画面的亮度，增加画面的对比。向左移动会降低画面的对比度，增加画面的亮度（减少阴影剪影）。

· Midtone：调整中间调的亮度，同时也会影响整体的对比度。向右移动浮标可以增加中间调的亮度，降低对比度。向左移动会降低中间调的亮度，增加画面的对比度。

- Color Saturation：调整画面整体的饱和度。饱和度越高，画面的色彩就越艳丽。

- Color Temperature：调整画面的色温。

三、Tone Mapping：Tone Compressor Settings

- Brightness：调整整体的亮度。

- Tonal Range Compression：调整画面的色调范围。向右移动浮标可以让阴影和高光都向中间调聚集。

- Contrast Adaptation：调整与平均亮度有关的对比度。向右移动浮标可以降低画面的对比度，给予更多明显的色彩，向左移动会增加画面的对比度，使画面看起来更加自然。

- White Clip：调整画面高光剪影的数量。向右移动浮标可以增加画面的亮度和对比度。向左移动会降低画面的亮度（减少高光剪影）和对比度。

- Black Clip：调整画面阴影剪影的数量。向右移动会降低画面的亮度，增加画面的对比。向左移动会降低画面的对比度，增加画面的亮度（减少阴影剪影）。

- Color Saturation：调整画面整体的饱和度。饱和度越高，画面的色彩就越艳丽。

- Color Temperature：调整画面的色温。

四、Fusion/Natural Settings

- Strength：调整局部反差的强度。向右移动浮标可以增强画面阴影的亮度，同时显示更多高光部分的细节，向左移动可以制造一种更加自然的画面效果。

- Brightness：调整画面整体的亮度。

- Local Contrast：增加画面的对比度和细节的锐度。增加局部反差可能会让画面中的噪点更加明显，同时会在物体边缘制造一些强光，提高这个数值可以制造一些超自然的效果。

- Shadows Contrast：阴影对比度。通过降低画面中阴影部分的亮度，提高中间调的对比度的方式来调整画面阴影的对比度，使画面拥有超现实的效果。

- White Clip：调整画面高光剪影的数量。向右移动浮标可以增加画面的亮度和对比度。向左移动会降低画面的亮度（减少高光剪影）和对比度。

- Black Clip：调整画面阴影剪影的数量。向右移动会降低画面的亮度，增加画面的对比。向左移动会降低画面的对比度，增加画面的亮度（减少阴影剪影）。

- Midtone：调整中间调的亮度，同时也会影响整体的对比度。向右移动浮标可以增加中间调的亮度，降低对比度。向左移动会降低中间调的亮度，增加画面的对比度。

- Color Saturation：调整画面整体的饱和度。饱和度越高，画面的色彩就越艳丽。

五、Fusion/Real-Estate Settings

· Highlights：调整画面中的高光部分。向右移动浮标可以提高高光部分的亮度，向左移动可以降低高光部分的亮度，恢复更多细节。

· Shadows：调整画面中的阴影部分。

· Local Contrast：增加画面的对比度和细节的锐度。增加局部反差可能会让画面中的噪点更加明显，同时会在物体边缘制造一些强光，提高这个数值可以制造一些超自然的效果。

· Color Saturation：调整画面整体的饱和度。饱和度越高，画面的色彩就越艳丽。

· Highlights Depth：影响高光部分的色彩。向右移动浮标可以增加高光部分的深度，降低高光部分的亮度，增加高光部分的饱和度。

六、Fusion/Intensive Settings

· Strength：调整局部反差的强度。

· Color Saturation：调整画面整体的饱和度。饱和度越高，画面的色彩就越艳丽。

· Radius：调整半径，更高的半径数值可以降低边缘的强光，但是会增加画面的渲染时间。

下面介绍一下这款软件的基本用法。打开软件之后，界面如下图所示。

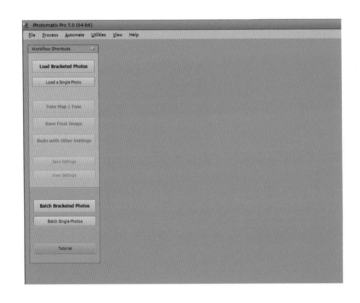

Load Bracketed Photos（载入多张照片）：这个选项一般用于拍摄了多张不同曝光级别的照片时，将它们一并导入。其中有一个是否显示32位图像的选项，一般不用勾选，因为32位图像显示器是无法直接显示的。

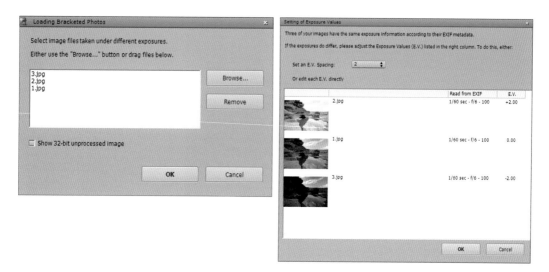

接下来就是设置曝光值，也就是在拍摄的时候使用的曝光差参数是多少。

从上到下依次如下所述。

- Align Sourve Images：是使用三脚架拍摄的还是手持拍摄的。

- Show Options to Remove Ghosts：显示鬼影移除选项。

- Reduce Noise on：是否需要降噪。

- Reduce Chromatic Aberrations ：是否需要消除色差。

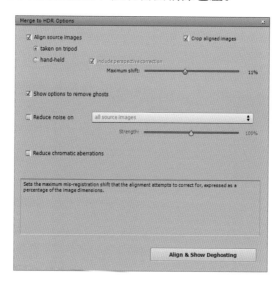

　　这里唯一需要讲解的是是否需要移除鬼影。这个选项的作用是什么呢？例如，在拍摄风光照片的时候，难免会有风吹草动，云卷云舒，这时候就会出现鬼影，因为物体的相对位置发生变化了，这个选项就是用来解决这个问题的。例如，图片右上角的云，因为移动之后就出现了鬼影。这时候我们可以选择手动模式和自动模式进行调整。

选择手动模式。我们把它标注出来，然后点击预览。

可以看到鬼影被消除了。

选择自动模式。自动模式的使用很简单，系统会自动识别画面的鬼影然后消除，只需要指定一个基础图层，然后与这个图层不一样的图层的鬼影就会被消除。

Load a Single Photo（导入单张照片）：这个选项用于导入一张RAW格式照片或者JEPG格式照片。如果导入的是RAW格式照片，就会出现右侧这个对话框。里面可以设置降噪、消除色差、白平衡、色彩空间、是否允许Exposure Fusion等。

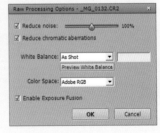

这里唯一需要注意的是色彩空间的选择，我们一般选择 Adobe RGB，因为sRGB色彩空间不大，不利于后期调整，而ProPhotoRGB又太大了，大到大多数人的显示器根本没有办法显示出这么多种颜色，因此Adobe RGB是一个比较合适的选择。

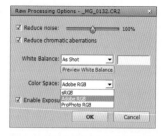

如果导入的是单张JEPG格式文件，就会出现这个窗口。

这时候单击Tone Mapping，就会出现这个窗口。系统会询问是否需要降噪，根据自己的需要单击Yes或者No之后，就会进入处理界面。

在合成HDR图像的时候，一般是RAW>TIFF>JEPG，多张>单张。因此，在演示HDR合成的时候，会选择最恶劣的条件，即单张JEPG合成，如果这种合成方式都能够熟练掌握，其他合成方式一般不会出现问题。

这里介绍的HDR合成方法，是亮度与色彩分离处理的合成方法，这种方法最大的优势是将亮度信息与色彩信息分离开来，互不干扰，不会出现交叉影响，具有更高的可控性和易用性。

　　当一个人初学HDR的时候，可能会去追求那种夸张、艳丽、独特的视觉效果，画面整体给人的感觉非常震撼，但是后期痕迹十分明显，很快就会让人产生审美疲劳。于是，他就会去寻求更加自然的HDR效果。大多数初学者在这时候都会遇到一个技术的瓶颈，就是发现自己最终合成的效果总是脏兮兮的，明暗不均，很难做出那种自然的HDR效果。

　　而通过这一节的学习，你将成功进阶。在讲解使用亮度/色彩分离处理HDR方法之前，可以先思考一个问题：为什么要把亮度和色彩分离处理呢？这就涉及为什么要建立一个HDR的处理模型，即这个处理模型的由来。

　　这个模型建立的理论基础有以下几个。

1. 分量论

　　一张照片必然能够且只能够分离出两个分量：亮度和色彩。也就是说，只要调整一张照片的亮度和色彩，这张照片必然可以变成想要的任何样子。如果一张照片还可以分解为第三个分量，这个模型就会存在疏漏。也许有人会说，黑白照片没有色彩信息，所以黑白照片的色彩信息为0，但是0并不代表没有，只是说黑白照片在色彩这个分量上为0，而不是没有色彩这个分量。

2. 可分性

一张照片具备亮度和色彩这两个分量，但是如果这两个分量无法实际分离出来，这个模型也就只是理论上的模型，不存在实际的用途。但是借助图层混合模式的传递性，可以有效地分离亮度与色彩，这是应用的基础。

3. 优劣性

为什么新手使用Photomatix进行处理的时候，很难处理出自然的效果？其中有一个重要的原因就是Photomatix的色彩处理能力太弱。观察photomatix的处理面板就可以知道，它几乎只能够调整饱和度和色温这两个色彩参数，并且都不能进行很精细的调整，因此，在色彩调整的时候，更多的是"靠感觉"，这样可控性难免就降低了。

但是，Photomatix的色调映射非常出色，也就是对于画面亮度的调整非常到位。同时，其他软件在映射这方面功能一般，但是在色彩方面的调整却非

常到位。因此，我们把二者结合起来，就能够形成完美的图像了。

基于以上3个基础，就可以正式开启HDR模型了。这个模型的具体操作是这样的：在Photomatix里面渲染黑白图像，然后把它导入到Photoshop中，放在原始图像的上面，把混合模式改为明度，把这个图像的亮度信息传递到原始图像，盖印之后再调整合成图像的色彩。

首先，使用Load a Single Photo导入一张照片，然后单击 Tone Mapping，系统会提示是否需要降噪，这个选项可选可不选。

之后的界面是这样的。

选择Tone Mapping下面的Details Enhancer模式。首先把画面饱和度（Color Saturation）的数值调整为0，也就是让画面变成黑白两色。

一般而言，为了获得更加精细的细节，会将Strength、Tone Compression、Detail Contrast这几个数值调为最大，并且选中Lighting Effects中的"Surreal+"模式，这样调整出来的画面细节最为丰富。

在第二个面板里面，这些参数对画面最终效果的影响还是比较显著的。

· Smooth Highlights：高光平滑，这个参数一般可以调整至较高的数值，它主要的作用是让高光的过渡更加平滑，对应到画面中就是天空等亮度较高的区域。将它的数值调高，可以让天空更加自然，不显得脏，但是如果数值过高，就会产生无法显示更多天空细节的现象，因此可以根据画面的变化来调整参数。

· White Point：这个参数主要是影响画面整体的亮度，把数值提高就可以让画面整体变亮。

· Black Point：这个参数也是影响画面整体的亮度，把数值提高就可以让画面整体变暗。但是一般不调整这个参数，因为它的数值提高之后，画面会损失一些细节。

· Gamma：这是一个比较重要的参数，向右滑动可以让画面呈现出更多的细节，但是画面整体会偏灰；向左滑动会让画面整体更加通透，但是画面的细节会有所损失。在调整的时候可以先保留更多的细节，即使此时画面偏灰也没有关系，因为之后还可以对画面的通透性进行调整。

· Temperature：色温，这个参数在黑白照片下似乎没有什么作用，但是它会影响黑白照片渐变的连续性，也就是说，不恰当的色温值会让画面出现不连续的渐变，从而影响最后的效果。因此，如果看到画面存在不连续的渐变，可以左右拉动一下浮标调整色温值，看是否可以通过色温消除这种不连续的渐变。

第三个面板里面需要调整的参数不多。

· Micro-Smoothing：细节平滑，这个参数可以让画面细节的过渡更加平滑，一般而言，这个参数设为0，因为如果需要平滑细节，一般会使用高光平滑和阴影平滑，这样的调整更加精细，没有必要使用这个参数。

· Saturation Highlights和Saturation Shadows：这两个参数不用调整，因为我们已经把饱和度降为最低了。

· Shadows Smoothness：阴影平滑，这个参数主要用来调整画面阴影部分的平滑度，对应到画面中的区域一般就是地面。这个参数可以根据自己的需要进行调整，数值越大，就会越接近原图的效果。

· Shadows Clipping：这个参数一般不调整。

使用的参数如下。

画面效果是这样的。拥有了这样一张黑白照片之后，就拥有了这张照片的亮度信息，接下来把亮度信息与色彩信息拼合起来。

把原图和黑白照片通过Photoshop打开，然后把黑白照片放在原图上面，把混合模式改为明度。

这里有一个很重要的细节，那就是可以根据画面效果去调整不透明度的数值，借此来调整最终画面的强度。这里使用100%的强度时，画面并没有出现异常，因此就不用调整了。这时候亮度与色彩已经结合起来，但是画面相较于之前并没有体现出多大的优化。

这一步的目的在于拓展画面的宽容度，让画面高光和阴影的细节都呈现出来，这样才能为后续的操作提供空间。

接下来，提高画面的自然饱和度，如果感觉强度不够，可以多叠加几个。

这时候的画面效果是这样的。

接下来，再调整一下画面的色彩，我们使用可选颜色调整一下草地的色彩。

这时候的画面效果是这样的。

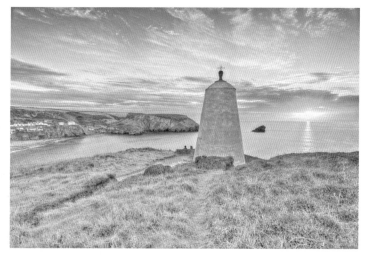

通过上面的调整，就很好地将亮度信息与色彩信息进行了整合。下面再调整一下Gamma值。

先盖印刚才调整的图层，然后复制这个盖印图层，之所以要复制这个图层，是因为这样可以保证在对这张图调整失败之后，能够返回到之前的步骤再次进行调整。

Gamma值的作用是什么呢？一般而言，经过之前的亮度整合之后，画面可能会有些发灰，这时候可以通过Gamma值来消除这种灰色，提高画面的通透程度。我们通过色阶工具来调整Gamma值。

通过调整中间这个浮标可以实现对Gamma值的调整。当把浮标向右拉动的时候，可以让画面更加通透，画面的对比度会提高，细节会有所丢失。

当把浮标向左拉动的时候，画面像是蒙上了一层灰一样，画面的对比度会降低，但是画面的细节会更加丰富。因为经过之前的调整，画面的细节已经很丰富了，这时候一般向右拉动浮标。

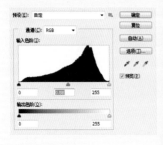

经过这一步的调整之后，还可以进一步调整一下亮度和对比度。到此，润色基本上就完成了。接下来进行最后的步骤：原图融合。

这一步的主要目的是让画面更加真实，经过上面的处理，画面的细节已经被最大化地表现出来了，但这会导致一个问题，那就是画面真实感和层次感的缺失。

下面举例进行说明。

这是通过刚才的方法渲染的另一张图片。

这是照片原图。

这是渲染后的图片。

这张图片中用黑框圈出来的部分都是可以改进的部分。下面以区域1和区域2为进行说明。

区域1：岩石上面泛着白色的高光，这与正常的岩石形态是不契合的，并且这些高光会过分吸引人的视线，从而让这些岩石看起来比较突兀。

区域2：这里在原图中原本是近乎黑色的区域，通过HDR的方法，让其细节显现出来了，但这种显示方式并不是一种正常的显示方式，一是与人眼的视觉习惯不符，二是这样的强行显示会产生噪点。

因此，需要让这些区域与原图产生一个融合，从而消除这种不自然感。方法也很简单，建立一个蒙版就可以解决这个问题，如果HDR照片是多张合成的，选择正常曝光的那张照片作为原图即可。

使用技巧主要有3点：一是使用柔边画笔；二是使用较小的不透明度，例如，30%的不透明度；三是适当调整图层的不透明度，实现整体融合的效果。

具体的改进效果根据自己的作品情形决定，如果希望更加自然，就融合更多的部分；如果希望更加超现实，就少融合一些。

回到这张图片，这一张图片里面需要原图融合的部分实际上并不多，只要把这个建筑物与原图融合一下即可。这也说明一个问题，那就是原图融合是根据图片而定的，也许有的人更喜欢不融合的效果，也许建筑图片的HDR根本不需要融合。

融合之后的效果是这样的。

另外，这种HDR方法不仅仅能够用于风光照片，人像也同样适用。总而言之，这种亮度/色彩分离处理的后期手法优势很大，它能够最大限度地还原画面的细节并且能够保证画面的质量。

它的步骤一般是这样的。

① 在Photomatix里面合成黑白HDR照片，为最终照片提供亮度信息。

② 把原图和黑白照片叠加，黑白照片放在上面，并把混合模式改为明度，以传递亮度信息，完成亮度与色彩的融合。

③ 盖印图层，然后调整自然饱和度及可选颜色。

④ 调整Gamma值。

⑤ 原图融合。

一张优秀的HDR照片可能需要经过数小时的调整才能得到一个完美的状态，所以在掌握技术的基础之上，还要有耐心。

实战：色温

色温的调整方式有很多，建议使用Lightroom或者Camera Raw进行调整，因为它们可以直接调整色温值，而不需要借助其他间接的调整方法。

当然，也可以通过Photoshop进行调整，调整方法有很多，在此列举几个进行说明。

一、照片滤镜

选择"图像"→"调整"→"照片滤镜",可以选择预设的加温滤镜或冷却滤镜,也可以自定义色彩,一般要勾选保留明度这个复选项。

 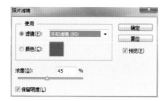

二、色彩层

通过色彩层+混合模式的方法,也可以调整画面的色温。常用的组合有:色彩层+柔光、色彩层+滤色等。这种方法可以使画面产生更为细腻的色彩感受。

这种方法可以让画面产生更为细腻的色彩感受,例如我们新建图层,填充冷色,然后把这个图层的混合模式改为柔光就可以让画面偏冷。如果我们新建图层,填充暖色,然后把这个图层的混合模式改为柔光就可以让画面偏暖。

三、曲线

通过提亮和压暗蓝色通道曲线也可以起到调整色温的效果,提亮蓝色通道曲线可以为画面加入冷色调,压暗蓝色通道曲线可以为画面加入暖色调。

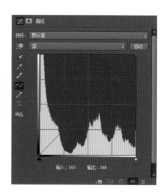

实战:单色

单色图片的实现很简单,通过色彩层+颜色混合模式的方法就可以实现,即填充一个色彩层,然后把这个色彩层的混合模式改为"颜色",原图就会变成单色图片。

单色照片更为重要的是如何合理地把握不同色彩的特性,从而更好地为表达服务。

实战：亮度

调整亮度的方法有很多，下面列举几种常见的方法。

一、曲线

可以使用提亮曲线或者压暗曲线去调整画面的亮度，具体的使用方法已经在第2章进行详细的讲述，这里就不再展开。

二、曝光度工具

选择"图像"→"调整"→"曝光度"，通过曝光度也可以直接调整画面的曝光。里面有很多熟悉的工具，例如，设置黑场、设置白场、灰度系数（Gamma值）等，其使用方法与色阶工具一致，具体的使用方法已经在第2章进行详细的讲述，这里就不再展开。

三、亮度工具

亮度工具与曝光工具相比更加简单，只需要调整亮度参数，即可调整画面的曝光。

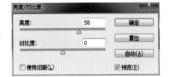

四、混合模式

也可以使用正片叠底、滤色等混合模式去调整画面的亮度，具体的使用方法已经在第2章进行详细的讲述，这里就不再展开。

实战：胶片颗粒

推荐使用exposure这款插件来为照片添加胶片颗粒。打开exposure 5，然后打开Grain面板。

Preset：预设，在这里可以选择预设的胶片颗粒类型。

Overall Grain Strength：调整胶片颗粒的强度。

一、Amount

· Shadow：这个数值越大，往阴影部分加入的颗粒就越多。

· Midtone：这个数值越大，往中间调部分加入的颗粒就越多。

· Highlight：这个数值越大，往高光部分加入的颗粒就越多。

二、Type

· Roughness：控制颗粒边缘的锐度。

· Color Variation：控制颗粒的色相和饱和度变化范围，数值越大，颗粒的色彩就会越丰富。

· Push Processing：数值越大，画面的对比度就会越强。

三、Size

· Film Format：选择模仿的颗粒类型。

· Relative Size：控制胶片颗粒的尺寸，数值越大，胶片颗粒的尺寸就会越大。

| 实战：物理刮痕

推荐使用exposure这款插件来为照片添加物理刮痕。打开exposure 5，然后打开Borders & Textures面板，找到Dust & Scratches子面板。

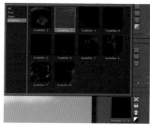

单击这个黑色的方框时，会出现一个窗口，供我们选择刮痕的类型。可以选择Dust（灰尘）、Paper（纸质）、Scratches（刮痕）中的一种效果。

· 单击1，可以随机选择一种刮痕效果

· 单击2，可以左右水平翻转刮痕效果。

· 单击3，可以上下垂直翻转刮痕效果。

· 单击4，可以把白色刮痕变成黑色刮痕。

· Zoom：调整刮痕的大小。

· Opacity：调整刮痕的不透明度，数值越大，刮痕越明显。

· Protect：原图保护，控制刮痕的影响范围，数值越大，刮痕的影响范围就越小。

· Protect Location：控制原图保护的范围，以十字为中心的一定范围不受到刮痕的影响。

实战：饱和度

饱和度主要通过饱和度工具来调节，其中又分为全局饱和度的调节和具体色彩饱和度的调节。

一、全局饱和度

可以通过"图像"→"调整"→"自然饱和度"来调整画面的饱和度。

自然饱和度和饱和度有什么区别呢？

一方面，自然饱和度对色彩的调整效果不如饱和度那么强烈。如果把自然饱和度降至最低，画面在通常情况下还会保留一定的色彩信息。但如果把饱和度降至最低，画面会变成黑白。另一方面，自然饱和度可以有效地防止色彩过于饱和，从而避免产生色彩溢出等不正常现象。因此可以把自然饱和度理解为智能饱和度。

这是照片原图。

自然饱和度调为+100。

饱和度调为+100。

自然饱和度调为-100。

饱和度调为-100。

二、具体色彩饱和度

通过"图像"→"调整"→"色相/饱和度"工具，可以分别调整不同颜色的饱和度。

我们可以选择不同的颜色，如红色、黄色、绿色来作为调整对象，选择之后就只有相应的色彩会受到调整的影响。例如，选中青色，然后降低青色的饱和度，可以看到，天空的饱和度降低了，因为天空以青色为主，但是地面的色彩变化不大，这就是分颜色调整饱和度的用处，它可以更精细地调整画面的饱和度。

三、饱和度的使用

1. 日系摄影

在日系摄影中，照片的饱和度一般比较低，这样可以营造出安静、淡雅的画面氛围。

2. 风光照片

在风光类照片中，可以适当地提高自然饱和度的数值，让画面的色彩更加鲜艳。

3. 特殊效果

有时候我们只需要保留指定的色彩信息，或者消除指定的色彩信息，可以通过色相/饱和度工具实现。

实战：漏光

推荐使用exposure这款插件来为照片添加漏光。打开exposure 5，然后打开Borders & Textures面板。单击中间的黑色方框，就会出现一个窗口，我们可以选择漏光的类型。

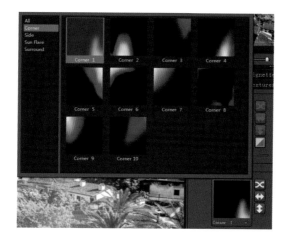

· Conner：角落，这一组漏光都出现在照片的边角。

· Slide：这一组漏光呈现出竖条状。

· Sun Flare：这一组漏光模拟的是太阳光线。

· Surround：这一组漏光环绕照片四周。

与刮痕一样，也可以随机选择、垂直翻转和水平翻转漏光效果。

· Zoom：调整漏光的大小。

· Opacity：调整漏光的不透明度，数值越高，漏光效果越明显。

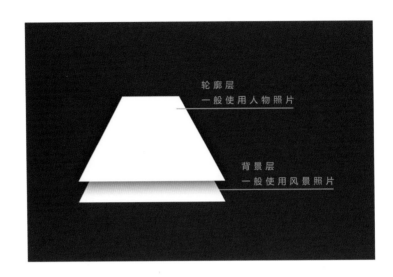

多重曝光的后期制作略显复杂，因为它涉及比较多的类型。但是，多重曝光的基本原理是一致的，下面以双重曝光为例来进行说明。

首先，要制作双重曝光的照片，要找到合适的照片。制作双重曝光的效果时，需要两张照片，为了方便区分它们，把位于下面的图层称为背景层，位于上面的图层称为轮廓层，一般把花、草、树木、大海、山川等作为背景层，把人物作为轮廓层，采用人物+风景的组合，当然也可以使用风景+风景、人物+人物的组合。

制作多重曝光时，一般选择使用滤色的混合模式。可以简单把滤色混合模式理解为两个图层相比较取较亮者，但这只是一个近似的理解，实际上它的计算方法为：255−（混合色的补色×基色补色）/255，但是在制作多重曝光效果时理解这点即可。

同时，制作双重曝光效果时，最好使用一明一暗的两张图片，即有一定的亮度差，如果同时使用两张较亮的图片，会发现使用滤色模式后画面曝光过度得已经看不清细节了。同理，如果同时使用两张较暗的图片，会发现画面融合之后细节过多，从而导致画面的美感不足。当然，这里的一明一暗并不是指绝对的明暗，而是相对的明暗，具体可以根据直方图平均值加以判断。

下面介绍双重曝光操作的具体技术细节。

首先，来了解一下背景层的操作。

如果提高背景层的亮度，根据滤色混合模式显示更亮的特征，背景层的画面将会更加突出。

举例如下。

打开两张照片。

然后把轮廓层的混合模式改为滤色。

这时候的画面效果如右图所示。

利用曲线工具提高背景层的亮度。

画面效果如右图所示。可以看到，背景层被更多地显现出来了。

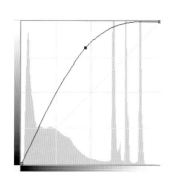 

因此，对背景层进行操作会产生的效果如下。

· 提亮操作：会增强背景层的表现力。

· 压暗操作：会增强轮廓层的表现力。

· 增加对比度：轮廓层与背景层融合程度增加，画面整体对比增强。

· 降低对比度：轮廓层与背景层融合程度增加，画面整体对比降低。

对轮廓层进行操作会产生的效果如下。

· 提亮操作：会增强轮廓层的表现力。

· 压暗操作：会增强背景层的表现力。

· 增加对比度：轮廓层与背景层融合程度增加，画面整体对比增强。

· 降低对比度：轮廓层与背景层融合程度增加，画面整体对比降低。

对背景层压暗，会增强轮廓层的表现力，是因为背景层变暗了，于是轮廓层的原图就更多地显现出来了。

对轮廓层提亮，也会增强轮廓层的表现力，是因为轮廓层变亮了，于是轮廓层变亮之后的图像就更多地显现出来了。

因此，一个是显示原图，一个是显示提亮后的图像，二者是不同的。这里的"增强轮廓层的表现力"均是针对调整前而言，而不是说对背景层压暗和对轮廓层提亮会达到完全一样的画面效果。

当进行完上述的操作之后，还会发现一个现象，那就是画面整体的对比不强，多重曝光的效果不明显，那么此刻是否需要进行增强对比度操作呢？

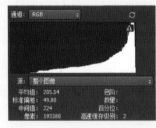

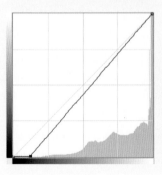

观察一下直方图可以发现，是很典型的低光缺失特征，此刻需要通过调整曲线左端点（低光拉伸曲线）的方式进行调整，一般而言，使用多重曝光之后都要进行这个步骤以增强多重曝光的清晰度。由于滤色模式本来就是增亮画面，因此，画面的低光缺失是很正常的事情。

结合前面讲述的滤色模式的特征，我们在制作双重曝光人像的时候，人物最好着深色衣服，同时如果留有长发，也是不错的选择。因为深色衣服亮度较低，会更多地显示另一图层的图像，从而实现较好的融合效果，黑头发亦是同样的道理。

当使用带有白色背景（如天空）的小草、树枝、树木的图片作为素材时，很容易做出具像边缘的双重曝光效果。因为树枝本身亮度较低，所以会显示另一个图层的图像，然而天空的亮度较高，因此会显示天空的图像（即白色），如此一来，便能很好地实现这两个图层的分割与融合，产生一种支离破碎而又整体完整的效果。

例如，这一张双重曝光的照片，它的背景层是这样的（见右下图）。

例如，这一张双重曝光的照片，它的背景层是这样的（见左下图）。

因为滤色混合模式对白色不产生效果，所以白色最终会被保留下来，也就形成了这种光圈的渐变效果。

在这里有一个技巧。因为背景层不够白，所以人物的轮廓感不强，有很多地方都显现出来了，这时候可以通过提亮背景层来展现人物轮廓，但是还有一个更简便的方法：色阶工具。

直接使用色阶工具的设置白场工具，单击天空，马上就可以让背景层变白，让人物的轮廓显现。

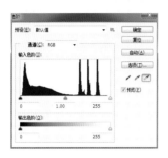

还有一种操作技巧，是先把人物通过抠图抠出来作为轮廓层，然后选择一个合适的背景层（这个步骤很重要），通过曲线调整背景层和轮廓层（结合前面讲的技巧），实现双重曝光的效果。具体细节包括两个：一是如果人像的边缘不够明显，提高轮廓层的对比度，然后复制图层。二是要用蒙版修饰轮廓层的边缘，因为是抠出来的，肯定会有一些突兀，所以要选择柔边画笔，还要调整不透明度，以使边缘达到一个自然的效果。

实战：长曝光

对于长曝光的制作，有两种手段：一种是让云呈现出动感，营造长曝光的效果；一种是通过多张连拍，最终合成长曝光的效果。

对于第一种方法，它的核心要点在于抠图，只需要将前景抠出，然后对云朵使用动感模糊即可。这种方法比较简单，容易理解，这里就不再展开讲解。

第二种方法要采用StarsTail这款软件。首先用相机的连拍功能拍摄几十甚至上百张照片，在拍摄这些照片的时候，注意每张照片之间的间隔不能太长，否则可能会出现不连续感，推荐使用相机的高速连拍功能，这样能够将每次拍摄之间的间隔缩短到最小。并且一定要使用三脚架，至少要能够让相机稳定地拍摄，否则后期合成的效果会很差。

如果拍摄了几百张照片，可以分别合成以减少合成时间。例如，先分别合成第1~50张、第51~100张、第101~150张，然后把合成的这3张照片再次进行合成。

把这些照片导入堆栈：选择"文件"→"脚本"→"将照片导入堆栈"。

然后使用StarsTail的平均值功能。一般而言选择"快速"即可，这样的计算速度最快。如果对质量要求很高，就可以选择"优质"。而"平衡"则是在速度和质量之间寻求的一个均衡。

软件就会自动合成拍摄的照片，最后合成出来的照片就是一张长曝光的照片。利用这种方法合成的照片画质非常好，因为它避免了长曝光过程中形成的随机噪点，并且可以有效地拓展画面的宽容度，让画面的高光和阴影都能拥有丰富的细节。

合成图片是这样的。

实战：星轨

星轨的合成有两种方式：一种是多张照片合成，一种是单张照片合成。

多张照片的合成与长曝光的合成类似，在前期拍摄素材的时候要注意两点：一是保持相机的稳定，二是合理地控制好每次拍摄之间的间隔，推荐使用相机的高速连拍功能，这样能够将每次拍摄之间的间隔缩短到最小。

首先将拍摄的照片导入堆栈。

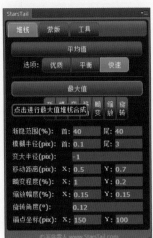

然后选择"最大值"。

合成的效果是这样的。　　　　　　　　单张照片是这样的。

　　可以看到，已经成功合成星轨了。但是这里有一个比较特殊的地方，那就是前景相对于单张图片变得更加明亮了。

　　之所以前景变明亮了，是因为素材里面有一张照片对前景补了光，而最大值是取更亮者，所以最后合成的图片就选择了更为明亮的前景。

　　如果我们不需要这种明亮的前景，只需要找到对应的照片，将前景涂黑即可。这个图层的前景被涂黑之后，就相当于它的前景被隐藏了。

　　当隐藏这个图层之后，你会发现前景的确不再明亮了，但是这样做的后果是星轨可能会出现断裂。

　　还有一种方法是先盖印一张带有明亮前景图层的图片，再盖印一张不带有明亮前景图层的图片，最后使用蒙版合成。

　　首先新建一个线性渐变蒙版，取带有明亮前景图片的上部分，这样就拥有连续的星轨；取不带有明亮前景图片的下部分，这样前景就没有补光效果了。因为线性渐变蒙版没有覆盖到下半部分，所以再手工涂抹一些下半部分星轨不连续的地方，完成最终效果。利用这种方法合成的星轨画质很高，因为避免了长时间曝光产生的随机噪点，同时也能够有效拓展画面的宽容度。

　　下面讲单张星轨的合成。

　　首先打开一张星空照片（不是星轨照片）。

　　把地面抠出来，然后将其另存为一个PSD文件，以方便后面恢复地面。

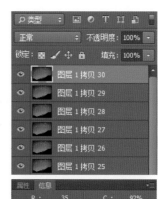

然后将地面这个图层填充为黑色，与原图合并。这一步的目的是不让地面干扰最终的星轨效果。复制刚才合并的图层，在这里复制了30层。

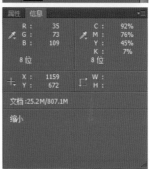

单击旋转，旋转角度设为0.04，然后设置锚点坐标，也就是旋转中心，可以借助信息工具来定位x、y的值：

然后单击"最大值"。

这时候的效果是这样的。可以看到，星轨的长度并不长，那是因为复制的图层不够多，但是可以合并现在的所有可见图层，然后继续进行最大值操作。

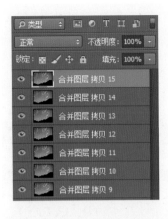
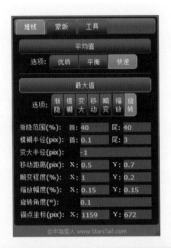

这时候把旋转角度设为0.1，旋转角度越小，就越不容易出现星轨断裂的现象，因为现在的星轨已经有了一定的长度，所以旋转角度可以稍微设大一点。这时候的星轨就明显多了。

当然，还可以继续再用一次"最大值"。

然后打开之前保存
的PSD文档，恢复前景即
可。

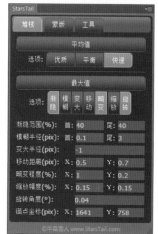

StarsTail还提供了许多种特效，可以帮助我们做出非常
丰富的星轨效果。

下面对这几个特效进行说明。

· **渐隐**：指定首尾两端的渐隐长度百分比，达到星轨首部或尾部（或首部和尾部）的淡入/淡出效果。

· **模糊**：指定首尾两端的模糊程度，模拟星轨拍摄过程中通过改变焦点（失焦）而产生的流星效果。

· **变大**：指定逐渐变大的程度，使星轨逐渐变粗，与渐隐或模糊结合使用能模拟彗星效果。

· **移动**：指定逐渐移动的距离（像素），模拟长曝光中镜头的平移效果（简单模拟追星仪/赤道仪）。

· **畸变**：在x/y两个方向上逐渐进行挤压（类似镜头畸变），会产生一些有趣的变形效果

· **缩放**：指定x/y两个方向上逐渐进行放大或缩小的程度，模拟长曝光中的拉曝效果。

· **旋转**：指定逐渐旋转的角度，模拟长曝光中围绕镜头轴心的相机旋转效果。

· **锚点**：进行缩放或旋转时必须要指定的中心，可以是画面中/画面外的任意位置（以像素为单位相对于整幅图像的位置）。

选择其中一个选项并设置相应的参数后，再点击"最大值"就可以进行各种星轨的合成（无选项则是简单的星轨叠加）。

"移动"选项的典型应用如下。

① 使用多张相同的星空素材，通过逐渐移动实现直线星轨。

② 使用多张不同的星空素材（比如连拍的银河），利用平移进行星空对齐，再利用平均值进行降噪。

"缩放"/"旋转"选项的典型应用如下。

① 使用多张不同的星空素材，为了达到螺旋效果，只进行缩放，不要进行旋转（锚点坐标必须是极点）。

② 使用多张相同的星空素材，为了达到螺旋效果，可以进行缩放+旋转（锚点坐标可任意指定）。

③ 使用多张相同的星空素材，为了达到辐射效果，只进行缩放，不要进行旋转（锚点坐标可任意指定）。

④ 使用多张相同的星空素材，为了达到同心圆效果，只进行旋转，不要进行缩放（锚点坐标可任意指定）。

⑤ 对于缩放选项，如果x和y方向指定了不同的参数，会产生诸如指纹形状、时空裂缝等各种风格化的特效。

多张相同的星空素材指的是用一张星空素材复制出来多张；多张不同的星空素材指的是实际连拍的一系列星空照片。

打开信息面板（F8）可以观察鼠标指针所在的x/y位置，用来确定锚点。单位必须是像素（单击信息面板上的"+"号来修改）。

为了达到螺旋效果（上面的情况①），需要先找到锚点坐标，也就是北极星/南极星在图像中的坐标位置（严格来说，这里的锚点应该是地轴指向的位置，并不是北极星/南极星，但相差的也不太远）。然后输入之前记下的坐标（x，y）（如果锚点定位不准，可能会产生奇怪的效果，比如星轨交叉）。

其中还隐藏了一些便利功能，下面进行介绍。

① 运行"移动"效果之前，如果图像中有两个颜色取样点（1和2）存在，那么将忽略"移动"选项所指定的参数。程序会将所有图层以取样点2为目标中心进行平移，最大移动距离（最上面的图层）是取样点1和2的距离。

② 运行"缩放"或"旋转"效果之前，如果图像中有颜色取样点1存在，那么将忽略"锚点"指定的参数。程序会将取样点1的位置作为缩放或旋转的中心（取样点只能在画面范围内，而不能在画面范围外）。

也就是说，可以事先建立取样点来避免手动输入数值；反过来，如果要用手动参数，请确保图像中没有取样点。颜色取样点的建立方法是先选择吸管工具，然后按住"Shift"键在图像上的目标位置单击。颜色取样点在使用完后要手动删除："Alt（Opt）"+"Shift"+单击取样点。

用"最大值"合成时没有最大图层数量的限制，平均值（快速）的图层数上限为100，平均值（平衡）的上限为1024。

实战：微缩模型

微缩特效有很多的制作方法，这里给大家介绍一个插件：Alien Skin Bokeh 2，它是专门用来模仿景深效果的插件，也自然可以用来模拟微缩特效。

我们主要使用的是它的Bokeh（光圈）功能。

Output on New Layer：输出至新的图层，勾选了这个选项之后，调整的图片将会独立成为一个新的图层。

Show Mask：显示蒙版，这个选项能够看到蒙版的覆盖范围。

接下来是选择渐变方式，这款插件提供了径向渐变、双边渐变和单边渐变的控制方式。

一、Lens

· Bokeh Amount：数量，这个选项的数值越大，画面的模糊效果越强。

· Zoom：动感，这个选项是控制动感效果的，数值越大，画面的动感越强。

· Twist：旋转，这个选项可以让画面产生旋转的效果。

· Circle：这个选项可以选择光圈的形状。

· Creamy：数值越大，焦外的效果就越柔顺，如同奶油一般。数值越小，焦外的效果越锐利，会形成类似于折返镜头的焦外效果。

· Blade Curvature：这个选项适用于多边形，如三角形，数值越大，光圈的圆度越大，数值越小，光圈的棱角越明显。

二、Highlights

- Threshold：阈值数值越大，高光的范围就会越大。
- Boost Amount：调整高光的亮度。

三、Grain Matching

- Strength：调整被模糊区域加入颗粒的强度。
- Size：调整被模糊区域加入颗粒的大小。

要使用这个插件模拟微缩效果，首先需要新建一个双边渐变控制，图中就会出现一条实线，两条虚线。

这时提高Bokeh Amount 的数值至26，画面就变成了这样。可以看到，实线周围的区域是清晰的，实线至虚线的区域存在一个清晰度的渐变，虚线之外就完全被虚化了。

　　这时候可以调整虚线的位置，让过渡的范围更大。可以看到，画面中清晰的范围变大了。

　　我们还可以调整实线的位置和倾斜角度。

　　这种特效并不存在一个绝对的合适位置，当你觉得画面的效果达到了预期时，就是一个合适的位置。

这里介绍一个插件：DFT Rays，这个插件就是用来模拟丁达尔光效的。

它的可调选项非常简单。

- Length：调整光线的长度。
- Threshold：阈值，调整光线的范围。
- Brightness：亮度，调整光线的亮度。
- Color：调整光线的颜色。
- Amount：调整光线的破碎程度。
- Phase：调整光线的破碎形态。
- Rays：调整光线的透明度。
- Source：观察光线形态。

参数虽然简单，但是在使用过程中还是存在诸多的技术细节。

1. 选好光线的切入点

在一张图片中，如果能够见到高光点，那就把光源点放在那里即可。但有的图片是无法直接看到高光点的，但是我们能够评估一个大致的光源范围，如果脱离了这个范围，画面看起来就会不自然。

2. 合理确定光线长度

一般而言，Length这个选项的值既不能太大，也不能太小，太小会无法出现丁达尔的效果，太大会让丁达尔的范围过宽，从而让整个画面都蒙上一层光线，虽然后续可以通过蒙版处理，但是费时费力。当光线长度位于中间值的时候，光线的轮廓及影响范围都是比较合适的。

3. 合理使用阈值

阈值越小，发光的区域就越大；阈值越大，发光的区域越小。阈值可以根据我们的实际需要来进行调整，如果觉得丁达尔效果不明显，可以调低阈值。

4. 光线亮度和颜色

有时候光线是需要带有一定的颜色的，例如，黄昏时候的光线是偏黄色的，这时候就可以通过调整光线的颜色来符合当时的环境光线。

同时，可以通过调整光线的亮度来让丁达尔效应更加明显，但是要注意过犹不及，太高的光线亮度会让色阶的过渡不平滑。

5. 通过Source选项来调整光线

当把Source的选项调到最低的时候，就可以很方便地观察到后期制作的光线的形态，这有利于我们进一步判断当前的光线状态。

6. 注意反射状况

有时候画面会出现镜面反射，注意不要让实像与虚像出现明显的矛盾，例如，天空有丁达尔效果，但是水面却没有。

7. 注意使用蒙版

插件的识别能力毕竟有限，因此，我们要学会使用蒙版进行后期的修饰，这样才能最大限度地保证效果的真实性。有的图片因为涉及镜面反射，所以后期过程要稍微复杂一点。

打开一张室内照片。

载入DFT Rays，将圆点放在图像中间，然后使用如左图所示的参数。关于具体参数的设置，可以参见上面的指引，更多的是依靠不断地尝试不同的参数，以获得最佳的效果。

在这里还有一个细节，那就是可以通过Color选项调整光线的颜色。当然这里默认的白色已经足够，不需要再调整。但是当我们使用夕阳场景的照片制作丁达尔效果时，通常需要将光线的颜色调整为黄色，这样才能更贴合整体的色温。

导出图片。

这时候可以根据需要利用蒙版手动调整一下光线。利用蒙版主要调整一些"不合常理"的光线。例如，这幅图左下方和右下方的光线都是不真实的光线，我们通过蒙版工具将其去掉。最后还可以再对图片进行进一步的修饰。这个插件对于多云天气拍摄的照片有着比较好的后期效果，前期素材合适与否对于最终效果的优劣有着很大的影响。

要制作心形光圈的效果，可以使用一款插件：Alien Skin Bokeh 2。关于这一款插件的用法，已经在微缩特效那一节进行了详细的描述，因此在这一节就不再对一些基础的操作进行介绍。

这里需要说明的是，制作心形光圈效果并非只是对背景完全没有虚化的图片有效，即使原图的背景已经有一定的虚化效果，依旧可以利用它制作相应的效果。

例如，这里选用一张背景已经有一定虚化效果的照片。

先在Photoshop中把杯子的轮廓勾选出来，因为杯子是不能被模糊掉的。Bokeh插件能够识别Photoshop的选区，会自动保护勾选出来的区域，不会将模糊效果应用到杯子上面。这时候的效果如右图所示。

这时候的焦外是常见的圆形焦外，我们只需要将Circle选项调为心形即可。如果觉得心形的焦外效果还不够明显，你可以调整Threshold和Boost Amount这两个选项。Threshold数值越大，高光的范围就越大，Boost Amount数值越大，高光的亮度就越大，整个焦外散景的效果就会越明显。

同理，我们还可以把焦外设置为其他形状。

我们还可以调整Creamy的数值，它的数值越大，焦外的效果就越柔顺，焦外就如同奶油一般。

它的数值越小，焦外的效果就越锐利，会形成类似于折返镜头的焦外效果。

除此之外，我们还可以利用Zoom和Twist来制造焦外旋转的效果。Zoom的数值越大，画面的动感越强。Twist可以控制旋转的方向。

实战：倒影

在这里要给大家介绍一款插件：Flood，这一款插件是专门用来制作倒影特效的。

原图是这样的。

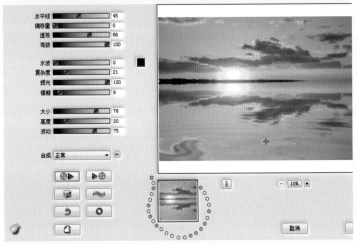

进入插件。

·水平线：调整水面的位置。

·偏移量：在确定水面位置的情况下，对水平面再次进行微调。

·透视：透视值越小，水平的波纹越平，反之亦成立。

·海拔：海拔越高，水面的波纹越大。

·水波：水波值越大，波纹越多。

·复杂度：复杂度的值越大，波纹越复杂。

·辉光：默认辉光值越大，水面的亮度越高，你可以调整辉光的颜色。

·模糊：模糊值越大，水面越模糊。

・大小：我们可以通过十字光标在画面中选择一个点，然后在这个点周围制造波浪，大小就是控制这个波浪的影响范围的。

・高度：控制这个波浪的高度。

・波动：控制这个波浪的波动范围。

下面以一个实际的例子来阐述这个软件的用法。

1. 水平线的位置

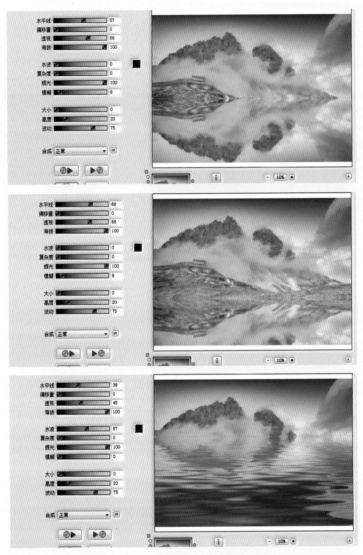

不同水平线的位置将会产生不同的画面效果。

应该选择一个合适的水平线，我们就选择在1/2处。在这款插件的使用过程中，水平线应该尽量避免一些复杂的物体，例如，房屋、柱状体、不规则物体等，最好使用的对象是风光类照片，这样模拟出来的效果才会更加真实。

2. 合理地确定透视关系

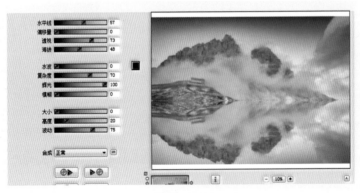

透视、海拔、水波、复杂度这几个参数是紧密结合在一起的。当水波为0的时候，透视、海拔、复杂度这几个参数基本上不会发生作用。

所以在使用的时候，我们应该这样使用。首先把透视、海拔、复杂度这3个参数都调到一个较小的值，然后调整水波的值，最后再去调整透视、海拔、复杂度这3个参数。

如右上图所示，我们把透视、海拔、复杂度这3个参数调为较小的值，然后调整水波，等画面达到了想要的效果时，停止调整水波的参数，再回去调整透视、海拔、复杂度这3个参数。

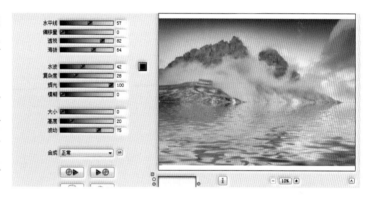

3. 辉光与模糊

辉光的数值一般不进行调整，默认为100就可以。模糊这个参数可以让生成的水面有一种长曝光的效果，这种效果最好结合长曝光的照片使用，我们这里使用的图片不是长曝光图片，看起来效果就会有些生硬。同时，这个参数也经常被用于增强画面的真实感，我们可以在模拟倒影的时候适当提高模糊的数值。

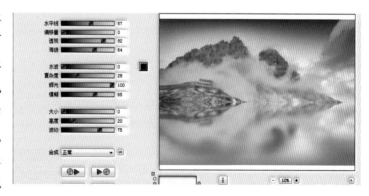

4.水波纹

大小、高度、波动这3个参数是用来模拟水面的单个波纹的。它的用处主要有两个：一是为平静的画面加入一个水波纹；二是通过局部的波动让画面更加真实。对于第一个用途，实际上用得比较少，因为实际上在透视效果上面的限制是比较大的。

对于第二个效果，它的使用比较频繁。可以看到，通过这样的一个局部波动，画面的效果更加真实。一般而言，这个局部波动最好是在画面的底部。

实战：星球特效

这里使用一款插件：Flexify 2，这是一款用来扭曲图像的软件，通过它可以实现非常丰富的画面效果。

它的可调选项有很多，但是在制作星球特效时常用的参数主要有下面几个。

纬度：控制图像向内弯曲还是向外弯曲，一般而言，要把纬度值调整得比较小才能呈现出一个球状。

纬度值较小时的效果。

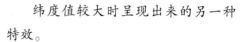
纬度值较大时呈现出来的另一种特效。

经度：让图像沿着一个轴旋转，会改变画面构成。

这是两个不同经度值形成的画面效果。

旋转：让已有图像旋转，不会改变画面构成。这是两个不同旋转值形成的画面效果。

场： 控制球体的大小。

要打造特效星球，只需要把输入设为圆柱，输出设为立体图，就可以实现想要的效果，这里有一个小技巧，就是如果你不是非常熟悉经纬度、旋转和场的使用，可以点击左下角的随机按钮，也就是像一个骰子的那个图标，大多数情况下都能生成需要的效果。

在使用这个插件之后可以看到，图像中有一些衔接不平滑的地方，这时候使用仿制图章工具进行涂抹，让画面的过渡更加平滑。

这里有一些技巧。

① 使用柔边画笔。

② 画笔的不透明度在60%左右比较合适。

③ 画笔的不透明度要逐渐降低，从60到40，最后到20，实现一个平滑的过渡。也就是说，首先使用60%的画笔涂抹边缘，然后使用40%的画笔涂抹，最后使用20%的画笔涂抹，让整体的过渡更加平滑。

对于有些图片，使用之后会出现这种效果。

天空倒是还可以通过仿制图章工具处理掉，但是地面的衔接痕迹过于明显，很难通过仿制图章工具进行处理，这时候我们该如何处理呢？

首先截取画面的一半，然后水平旋转，让画面呈现出水平对称。

再使用这个插件。

可以看到，这时候不仅地面的衔接痕迹消失了，天空的衔接痕迹也消失了。

这种做法的不足就是画面的信息量会减少，因为只展现了一半的内容，当然也可以全图水平对称，但这样就会让照片变得很长。

因为图片的特殊性，经过这样的处理之后，我们发现图中出现了两个塔，那如何消除另外一个塔呢？

可能有人会想到仿制图章工具，这种方法的确可以，但是效率太低，效果不好。我们采取另外一种方法。先生成一张图片，然后只调整旋转的值，生成另外一张图片。

因为旋转不会改变画面构成，这就方便我们调整。直接使用蒙版，把上图的塔替换成下图的天空即可，然后再使用仿制图章工具把塔的底部用树木遮盖。这种方法后期工作量小、效率高、过渡更平滑，是一种很高效的后期手法。

实战：D&B、中性灰、双曲线

前面讲过，D&B是一种后期思想，而中性灰与双曲线是一种具体的处理模式。因为中性灰和双曲线有非常多的共同点，所以这两者就放到一起来进行讲解。

先讲解中性灰。前面已经讲解了中性灰的原理，这里直接进行实际操作。

首先，打开一张图片。

然后新建一个图层，使用"编辑"→"填充"→"中性灰"。

这时候的画面被中性灰色覆盖住了，然后把中性灰这一个图层的混合模式改为柔光。这时候的中性灰图层不对画面产生任何作用，画面显示的是背景的图案。

接下来就是操作的重点了。我们使用画笔工具，不透明度为20%，选择柔边画笔。然后使用白色的画笔涂抹画面中的红色区域，使用黑色画笔涂抹画面中的蓝色区域。

这里解释一下原因。可以看到，画面中的红色区域是高光区域，通过涂抹白色，可以让高光部分更亮。画面中的蓝色区域是阴影区域，通过涂抹蓝色，可以让阴影更暗。如此一明一暗，可以让鼻子的立体感更强，质感更好。我们在化妆的时候，经常会通过这样的光影关系来让鼻梁更加挺拔。

最后形成的效果是这样的。

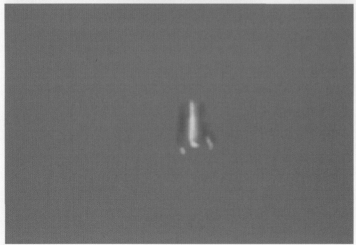

把中性灰图层单独拿出来看一下。

通过中性灰图层，可以很明显地看到画面哪些部分被提亮了，哪些部分被压暗了。因此，中性灰这个方法在观察方面很方便。如果想再次增强我们的光影效果，该如何处理呢？

方法很简单，复制刚才的中性灰图层即可。可以看到，画面的效果再次得到了强化。

如果想要消除某个部分的效果，又该如何处理呢？这时候把画面的颜色调为中性灰，然后涂抹某个区域即可。

例如，消除鼻梁上面的高光，中性灰图层变成了这样。

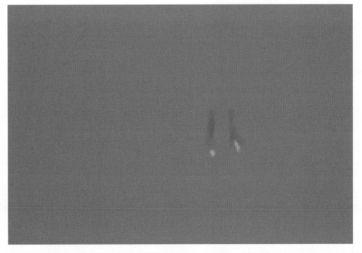

图像变成了这样，这就是中性灰的基础操作方法。

接下来讲解一下双曲线。双曲线的使用方法是这样的，首先新建两条曲线。

然后把其中一条曲线提亮，一条压暗。

这时候画面效果与
提高对比度的效果类似。

然后把这两条曲线都通过蒙版进行隐藏。

这时候的画面效果就
和原图一致了。

　　接下来就是操作的关键步骤。把需要提亮和压暗的区域再分别通过蒙版显现出来，
例如，鼻梁需要提亮，我们就把提亮曲线的这个区域显现出来，也就是使用白色画笔涂
抹提亮曲线的蒙版。

它的原理很简单，就是让提亮曲线的作用区域特殊化，只让我们想要提亮的区域变亮，而不影响其他部分。

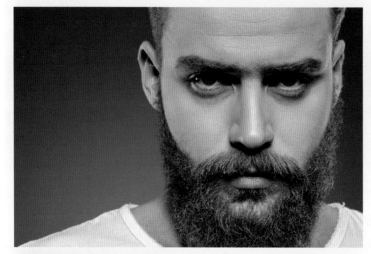

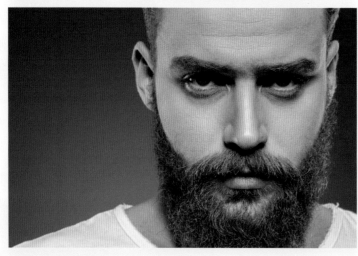

同理，如果需要降低鼻梁两侧的亮度，就用蒙版把压暗曲线这一部分显现出来。

这里与中性灰有一个很大的不同。中性灰要降低亮度，使用的是黑色画笔，但是双曲线降低亮度依旧使用的是白色画笔，因为我们希望压暗曲线作用到这个区域，之前通过黑色蒙版屏蔽了它的作用，所以此刻要通过白色画笔来显现它的作用。

如果想要增强画面的效果，其操作同中性灰是一样的，都是复制相应的图层即可，例如，想要增强画面提亮部分的效果，复制提亮曲线即可。

如果想要撤销某个区域的效果，操作也很简单，例如，想要抹去鼻梁的高光效果，只要使用黑色画笔再次涂抹提亮曲线蒙版的相应区域即可，这样提亮曲线就不会作用到相应的部分了。这就是双曲线的基础操作。

一、基础的光影关系

光影关系在判断一个物体的大小、位置、形状等特征时具有很重要的作用，这也是我们能够通过中性灰、双曲线等方法改变人物外观的原因。

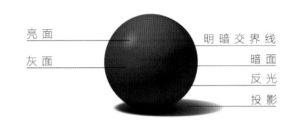

以球体为例，一个球体包含了亮面、灰面、明暗交界线、暗面、反光和投影这些因素。

亮面就是球体的高光区域，它可以标明光源的方向；灰面就是亮面向暗面过渡的中间区域，它通常占据了较大的位置；明暗交界线就是灰面与暗面的分界线，但实际上也是一个面；暗面就是画面中的阴影部分；反光就是地面或者其他物体形成的反光；投影就是物体形成的影子，它可以标明物体的大小等信息。

我们在进行后期处理的时候，就需要遵循这些基本的光影关系，例如，对灰面进行处理时就需要使用较小的不透明度，从而实现更平滑的过渡。

二、人物面部光影关系

我们以这张图片为例，来讲解一下人物面部的光影关系。我们知道，不同的光照环境下，人物的面部会发生不同的变化，因此，针对不同脸型的人使用不同的布光，能够扬长避短，拍摄出更加完美的人像。

在处理人物面部的光影关系时，可以从这4个部分切入：额头、鼻子、脸颊和下巴。额头的光影关系比较简单，因为额头形状比较简单、规则，受光面也大，因此整体的光线变化不剧烈。

在这一张图片中可以看到，额头的高光区域集中在额头的中部，两边是亮度相对较低的阴影区域。我们可以使用一个较大的柔边画笔，不透明度在10%左右，使用中性

灰的方法涂抹白色，使额头中部的亮度更高，同时使用黑色画笔涂抹额头的两边，让额头中部更加突出，使额头看起来更加坚实，更有男性的棱角感。鼻子的范围是从鼻根到鼻头，属于面部光影变化最为剧烈的一个部分。

① 鼻根：这里的亮度一般都会比较低，因为受到额骨的影响，这里一般都是一个阴影区域。

② 鼻梁：这里一般会形成一条高光线，从而支撑起整个面部，显示出立体感。

③ 鼻梁两侧：这里一般都是阴影区域，但是它的亮度通常会比鼻根部分的亮度要高一些，这部分区域亮度的高低也会影响到面部的整体立体感。

④ 鼻头：这里一般是一个高光点。

⑤ 鼻翼与鼻梁交界处：这里一般会形成一些高光的点或面。

⑥ 鼻翼两侧：这里的亮度相对比较高，因为这里相对于四周是一个凸起。

具体到这一张照片，可以采用下面的步骤。

首先还是使用柔边画笔，不透明度在10%左右，沿着鼻梁的中线进行涂抹。如果选用的画笔比较大，最后鼻梁的高光区域就会比较大，整个鼻子就会显得比较阳刚、坚实；如果选用的画笔比较小，鼻梁高光区域就会小一些，鼻子看起来就会纤细、小巧一些。

处理完鼻梁的高光之后，再处理鼻梁两边的阴影。我们选用柔边画笔，不透明度在10%左右，涂抹鼻梁两边的阴影区域。在涂抹的时候要注意，鼻梁高光与鼻梁两侧阴影相接处的阴影通常而言要更深一些。

处理完鼻梁两边的阴影之后，就可以加强鼻头、鼻梁与鼻翼相接处的高光，这里的高光处理比较简单，直接使用白色画笔涂抹即可。

然后我们根据需要处理一下鼻根和鼻翼两边，鼻根处阴影的加深会显得眼眶内凹，也可以提升脸部的立体感。鼻翼两边亮度的提升可以让面部更加饱满。

脸颊的光线变化也比较简单，主要是受到颧骨的影响，因此在颧骨的下方一般会出现一个阴影区域，但是不同的人，不同的光照条件下，这个阴影区域的大小和强烈程度各有不同。

下巴这里一般是一个受光面，因为下巴的结构也比较简单，因此光照变化并不复杂。

三、光影关系的重塑

前面学习了中性灰和双曲线的基本用法，又了解了基础的光影关系及人脸的面部处理方法，那么我们就可以通过中性灰和双曲线等方法去重塑光影关系。在重塑光影关系的过程中，要紧紧把握面部的光影关系，这样才能形成更加自然的效果。我们的处理顺序可以是：额头→鼻子→脸颊→下巴。当然这个顺序并不是一成不变的，可以根据自己的习惯去调整。

这是原图。

这是最终效果图。

实战：逆光

这里推荐一款插件，叫做knoll lightfactory，它是专门用来模拟光照效果的。

软件的左侧是预设窗口，在这里可以选择已经保存的预设，也可以导入预设和导出预设。软件的右侧是调整光效中单个元素的效果，例如，光线的长度、光线的颜色等内容。软件的中间部分为预览和整体调整区域。

· Tint Layer（色调图层）：我们可以通过下拉列表选择一个Tint Layer。Tint Layer的作用在于渲染光线的颜色，例如，把原图选为Tint Layer，当把光源移动到图中黄色的草地时，光线就是黄色；移动到蓝色的天空时，光线就是蓝色。这样光源的色彩就能与原图存在一个较好的匹配。

· View（预览）：选中某个图层进行预览。

· Obscuration Layer（蒙版图层）：我们可以通过下拉列表选择一个Obscuration Layer。Obscuration Layer的作用在于控制光线的影响范围，光源所在位置的自身亮度越高，光线影响的范围就越大。例如，把背景图层作为Obscuration Layer，我们把原图移动到草地时，光线影响的范围就很小；把光源移动到太阳周围时，光线的影响范围就很大。

· Background Layer（背景图层）[①]：我们可以通过下拉列表选择一个Background Layer。Background Layer的作用在于决定光线应用到哪一个图层上面。

· Brightness（亮度）：控制光线的亮度。

---

① 仅在有两个或两个以上的图层时可以选择。

- Scale（范围）：控制光线的影响范围。

- Zoom（大小）：缩小和放大画面。

- Randomness（随机）：随机生成一组光线。

这款插件的使用很简单，只需要将光源拖动到我们需要的位置即可。在使用过程中，需要注意以下使用技巧。

1. 注意光源的位置

这一款软件更多的是用来增强光效，而不是创造光效。简而言之，这款软件并不能改变照片中物体的光照关系，不会因为把光源拖动到右侧，物体的影子就会跑到左侧。因此，在使用的时候一定要注意光源的位置，应该尽量与照片中的发光体位置大致一致。

2. 注意单个元素的调整

每一个光效都是由多个基本元素组成的，我们可以根据自己的需要增添或者删减基本元素。

3. 巧妙设置Obscuration Layer

设置Obscuration Layer可以智能地调整光效的影响范围，有时候能够起到十分显著的效果。

4. 注意与原图的融合

有时候我们只想让光效影响特定的范围，但是软件自身的蒙版无法达到需要的效果，此时就可以通过蒙版来实现后期与原图的融合。

打开一张图片。

　　这里设定原图为Tint Layer和Obscuration Layer，所以光线的颜色和强度会随着光源位置的变化而发生变化，从而呈现出不同的效果。

实战：日系

　　日系摄影作为一个具体的摄影类型，有着众多鲜明的特点，下面进行一一剖析。

1. 较低的饱和度

　　日系摄影一般比较素雅、清新，因此色彩通常会比较淡，可以通过降低饱和度来达到这样的效果。在使用的过程中，要注意下面这样一个细节。

一般而言，在使用过程中，如果只降低饱和度，画面就会显得非常沉闷无味，呆板无趣，我们可以通过提高自然饱和度来增强画面的部分色彩，从而让画面在淡雅的同时还具有一定的活力。

2. 色偏

在日系摄影后期过程中，下面这两个色彩组合的使用频率比较高。

这个色彩组合可以让树木、草地等偏蓝。

这个色彩组合可以让树木、草地等更加翠绿。

3. 光线

日系摄影的光线感通常比较强烈，我们可以通过线性渐变或者light factory为画面添加光线感。

4. 黑角

在胶片日系风格中，黑角常常是一个常见的元素，我们可以通过exposure插件为画面增添黑角。

5. 亮度

日系摄影的亮度通常比较高，我们可以通过提亮曲线或者使用滤色混合模式来提高画面的亮度。

6. 色彩

日系摄影的画面一般都有比较明显的青色调，我们可以通过压暗红色通道曲线来为画面增添青色，也可以通过青色色彩层+柔光混合模式或者青色色彩层+滤色混合模式等手段来为画面增添青色。

7. 加层

日系摄影通常具有一种空气感和朦胧感，我们可以通过低光压缩曲线来达到这样的一个目的。

这里简单列举一个例子作为说明，后面的实例部分也有日系风格的讲解。

打开原图。

首先利用可选颜色调整画面的色彩，让画面中的蓝色更加突出。

然后利用色阶工具调整画面的灰度，让画面的细节更加丰富。

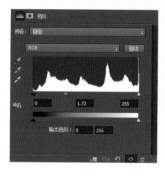

再新建一个图层，填充色彩RGB（116，172，209），把混合模式改为滤色，不透明度设为25%，这样可以在提高画面亮度的同时，给画面加上一层淡淡的蓝色。

实战：欧美系

对于欧美系风格的后期，把握以下几个修图步骤，基本上就能够模拟出绝大部分这样的色调了。

打开原图。

第一步：提高Gamma值。

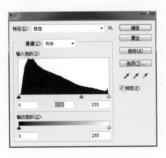

图片中红色的饱和度有些过高，我们降低一下红色的饱和度。

第二步：盖印图层，然后使用直角曲线。

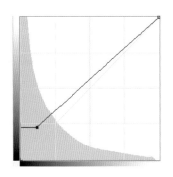

第三步：提高自然饱和度。

第四步：加上暗角。当然，还可以进行其他的调整，例如，制造偏色、调整色温等，这可以根据自己的表达需要进行调整。

实战：素描

　素描效果的后期制作还是比较
简单的，先导入一张图片。

　复制一层，然后把复制的图层变为黑白。

　再复制一层这个黑白图层，然后把"复制图
层2"的混合模式改为颜色减淡。

再对"复制图层2"使用反相（快捷键为"Ctrl+I"），这时候会得到一张近乎白色的图像。我们对"复制图层2"使用"滤镜"→"其他"→"最小值"，半径为1像素。

盖印图层，然后向右调整Gamma浮标。当然，并不是所有的图片都需要进行这一步的调整，如果在上一步已经得到了一个清晰的图像，这一步也不是必须的，一般而言，像素较高的图片需要进行这一步。

局部效果如右图所示。

如果觉得画面的效果
还不够强烈，可以把盖印
图层复制两层，然后把这
两个复制图层的混合模式
改为正片叠底，再盖印图
层，使用蒙版工具强化边
缘即可。

实战：莫奈云

莫奈云的制作与星轨的制作有相似之处，使用的都是StarsTail这款插件，并且操作手法也基本一致。

首先打开一张图片。

把前景涂黑，避免色彩干扰，然后复制该图层，此处复制40层。

然后使用StarsTail，选择"移动"和"畸变"。

再使用蒙版恢复前景即可。因为之前在讲解星轨的时候有非常详细的陈述，此处与星轨的原理一样，所以不再进行详细的介绍。

下面着重讲述一下以下这几个选项的效果。

渐隐和模糊：选择这两个选项可以让云的过渡更加平滑。

- 移动：这个选项通常需要选中，它可以让云产生移动的效果。
- 畸变：这个选项可以根据需要选择，它可以让云产生畸变效果。
- 缩放：这个选项可以根据需要选择，它可以让云产生动感效果。

右侧这张图片是选择"移动""畸变"和"缩放"的效果。

其他选项还包括：

变大：这个选项通常需要勾选，它可以让云更加浓密；

旋转：这个选项可以根据需要勾选，它可以让云产生旋转效果。

第4章 征服星辰大海

本章将使用这本书的后期分析体系，来为读者分析几种典型的后期风格，帮助读者加深对后期分析体系的理解，同时提升运用后期分析体系的能力。

本章所引用的所有照片，均是从开源摄影网站随机挑选的未经任何修改的第三方摄影师的作品，因此我是不可能知道他们的后期方法的，这也正是这个后期识别体系的价值所在。

夏日风格

夏日风格照片适合表达清新、明亮、阳光、自然的画面氛围，属于比较流行的一种后期风格。它的整体色调（特别是天空的颜色）比较清新通透，给人一种舒适、安逸的视觉感受。例如，这里展示的是摄影师Mike Yukhtenko和摄影师Max Rentmeester的摄影作品。

虽然常常称天空是蓝色的，但是蓝色也分为很多种，例如，深蓝、浅蓝、青蓝等，而最能体现夏天氛围，或者说小清新氛围的蓝色就是青蓝色了，雨后的天空比较接近青蓝色，这时候天空给人的感受就是清新自然的。

既然雨后的天空是这种颜色，那么这种照片当然也可以直接拍摄出来。这里又得强调一下前面提到的一个问题了：这本书所讲的后期"破译"，其"破译"对象并不一定经过了后期，也许是直接拍摄而成，我们只是假定它经过了后期。

同时，本书所讲的"后期破译"并不是去"破解"原作者的后期步骤，而是去还原画面风格本身。换言之，一种风格可以通过多种路径达到，我们只要找到一条通往这种风格的路即可，至于是不是作者走的那一条，这并不重要。

面对这种后期风格，即使是没有学习过后期的人，也能够猜想到这种照片风格的关键点在于色彩的营造。事实上，这种照片风格的后期结构是比较简单的，但是结构简单并不意味着就容易反向"破解"。

这本书从头到尾其实就在讲一件事情：如何将你感性上的认知，转化为可操作的步骤。无论是清新、通透、自然，还是胶片、空气感等词语，都是描述的感性上的认识，光有这样的认识，是很难成功模拟一张图片的后期的，这就是本书着重解决的问题。

如果你是初次接触这个后期识别体系，建议你在分解一张照片后期时，按照以下这个顺序进行，这样不容易遗漏细节。

一、曝光

曝光调整一般是后期调整的第一步，它包括很多方面。例如，当一张照片曝光不足时利用曲线工具提亮画面，一张照片看起来灰蒙蒙的，利用对比度工具通透画面，利用色阶工具让画面更加轻盈，为画面增加光效等，这些都属于曝光的调整。

二、色彩

曝光调整完之后，就可以调整画面的色彩了。色彩的调整既包括用可选颜色、色相工具转换色彩，也包括利用色彩层+混合模式渲染画面色彩，还包括利用饱和度工具调整画面色彩的鲜艳程度等。

三、暗角、刮痕等

调整完曝光和色彩，这时候再来为照片添加一些画面特征，如暗角、刮痕、漏光等。这些步骤之所以放在后面，一方面是因为这些元素会干扰我们对画面的判断，另一方面是这些元素会影响最终画面的质感。例如，先添加黑角，再调整曝光，有时候会产生一些意外的问题，一是黑角的范围会随着画面的曝光变化而产生变化，二是黑角容易出现断层，这都会影响最终画面的质感。

四、低光压缩/高光压缩曲线

低光压缩曲线、高光压缩曲线等一般在最后添加。例如，你一开始就使用低光压缩曲线，后来又需要提高对比度，这时候你会发现，原来低光压缩曲线产生的效果被提高对比度的操作抵消了，低光压缩曲线、高光压缩曲线很容易受到其他曲线的影响，为了保证它的效果，建议在最后使用。

以上都是后期调整的一般步骤，具体到个例需要结合实际情形判断使用。当你对这个后期识别体系进行了足够的学习，或者说得到了足够的训练，那么就会发现你产生了一种快速判断的工具：经验。这时候你可能已经完全不需要再去遵循这些模板了，而是能够直观地看出后期的关键所在，这时候的步骤可以简化为以下几步。

1. 看直方图

无论你是多么经验丰富，直方图还是建议阅读，因为有些高光缺失和低光缺失特征是无法通过肉眼识别出来的，但是数据是不会骗人的。

2. 看色彩

看完直方图，就直接观察画面的色彩，这时候观察的主要就是两方面：主色调和曝光区域，也就是看画面中占主导的色彩是什么，这些色彩主要分布在高光、阴影还是其他区域。

3. 看曝光

这时候看曝光主要就是看画面整体亮度的高低、对比度的高低、细节的丰富程度等。而其他的很多步骤，如表面特征、色偏、局部特征、色彩三性、光效等，你已经可以凭借直觉观察出来了。

回到前面的几张照片，我们可以获取这些特征：直方图靠右，天空的色彩很清新，整体色彩比较艳丽，画面看起来比较通透，画面的细节比较丰富。

我们需要把这些认识转换为可操作的步骤。

· 直方图靠右—提高亮度—曲线、亮度、色阶工具等。
· 天空色彩清新—色彩转换—可选颜色、色相工具等。
· 色彩艳丽—饱和度、可选颜色、色相工具等。
· 画面通透—对比度工具等。
· 画面细节丰富—色阶工具等。

经过这样的分析，我们就有了一个基本的思路。

打开一张图片。

当我们看到这张图片的时候，首先给人的第一感觉就是画面很沉闷，因此，首先提高画面的对比度，让画面更加通透的同时，还能增强画面的色彩，使其更加明显。这里使用的是一条高对比曲线和提亮曲线的复合曲线，它可以在提亮画面的同时提高画面的对比度。可以看到画面亮度提高的同时，画面也显得更加通透了。

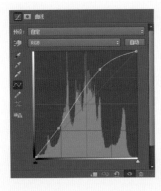

接下来再调整天空的色彩，在可选颜色一节当中，提到过这样一个色彩组合：青色天空。青色天空色彩组合一般辅助蓝色天空进行调整，可以调出非常舒适的天空色彩。

这个色彩组合可以让天空呈现出青色调，从而调整出非常柔和、漂亮的天空色彩。

在使用过程中，可以结合蓝色一起调整，这样出来的效果会更加出色。在这里需要使用的就是这个色彩组合。

使用这个色彩组合之后，画面的变化是这样的。可以看到，这时候天空的色彩已经呈现出青色了。

但是这时候天空的色彩还不够鲜艳，我们利用饱和度/自然饱和度工具去增加画面的色彩表现力。这时候画面的整体色彩就更加明显和鲜艳了。

进行到这一步，我们发现画面的色彩构建基本上就完成了，然后再利用Gamma工具调整一下画面的细节。将色阶工具中间的浮标向左拉动，提高Gamma数值，它可以起到同时降低画面对比度和提高画面亮度的效果，因此这时候的画面会显得更加轻盈，细节更加丰富。

到这一步，我们的调整基本上就完成了，如果认为还需要对画面主色调进一步修正，还可以利用色相／饱和度工具再次去调整画面中主色调青色的饱和度。

前后效果对比。

再与"破译"对象进行对比。

小清新风格

小清新风格照片的适用范围很广，既适用于静物摄影，又适用于风光摄影，还适用于人像摄影，其画面特征是画面清新自然，色彩淡雅，细节丰富，给人一种安静、舒适、平和的感觉。例如，这里展示的是摄影师Efraimstochter的作品。

观察上面几张照片，我们可以获取这些特征：直方图靠右，整体色调偏蓝，画面的细节比较丰富，色彩比较淡雅。

我们需要把这些认识转换为可操作的步骤。

· 直方图靠右—提高亮度—曲线、亮度、色阶工具等。

· 整体色调偏蓝—色彩渲染—色彩层+柔光混合模式。

- 画面细节丰富—色阶工具等。
- 色彩比较淡雅—饱和度、可选颜色、色相工具等。

打开一张图片。

当我们看到这张图片的时候，第一感觉就是，画面给人的感觉很"重"，这是因为画面的饱和度很高，同时对比度偏高，因此给人的感觉略显压抑。当看到这种很"重"的画面时，可以使用色阶工具让画面变得轻盈。向左拉动色阶工具中间的浮标，调整画面的Gamma值，可以看到，经过简单的Gamma值调整，画面一下子就显得轻盈起来了。

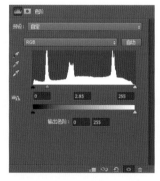

接下来就是调整画面的色彩了。首先调整天空的色彩。我们模仿风格里面的天空是浅蓝色，而这里的天空是深蓝色，因此需要统一一下天空的颜色。我们既可以用色相/饱和度工具去调整，也可以用可选颜色去调整，这里使用色相/饱和度调整，选中青色。

· 色相：通过色相的调整让天空更偏向于蓝色。

· 明度：提高蓝色的明度，让天空更加明亮，浅蓝色相对于深蓝色会给人一种淡雅的感觉。

· 饱和度：经过前面色相和明度的调整，天空的色彩有些欠饱和，提高饱和度。

画面效果如下图所示。

接下来调整花的颜色，选中红色，使用这样一个色彩组合。这一步的主要目的是增强花朵的色彩。

然后新建一个图层，填充色彩RGB（190，219，253），把混合模式改为柔光。这一步的主要目的是渲染画面的主色调。因为观察这种画面风格可以发现，整个画面充斥着一层蓝色，这种蓝色不仅仅存在于天空，花朵也受到了一定程度的影响，因此这种色彩是全局影响，我们就可以利用色彩层+柔光混合模式来渲染主色调。色彩层+柔光混合模式不仅能够渲染画面颜色，还能让图像的曝光与模拟对象具有更高的一致性。

这里填充的颜色是如何确定下来的呢？其实非常简单，直接使用吸管工具吸取参考图像的典型色彩即可。那么如何确定典型色彩呢？这个其实很好判断，例如，这一组照片充斥着蓝色，直接吸取天空的色彩即可。即使有时候天空色彩本身也存在较大差异，也不必过于担心，一来可以尝试多次吸取色彩，通过实际试验观察哪一种色彩更贴近参考图像的色彩；二来色彩倾向有较宽广的容错度，某种色彩风格可以用某一段色彩范围之内的颜色营造出来。

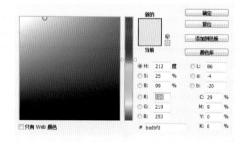

经过右面的调整，效果如下图所示。

处理前后效果对比。

与"破译"对象的对比。

这种画面风格有非常广泛的应用，它不仅仅能够应用于花朵等静物，也适合于大环境的营造。对色彩层填充不同的色彩，画面就会有不同的感觉和风格，你可以根据自己的表达需要去渲染画面的色彩。

　　例如右面这张照片。

　　首先利用色阶工具让画面更加轻盈。通过调整中间浮标，提高画面的Gamma值，画面就会显得更加轻盈。

　　然后调整天空的色彩，让天空呈现出一种青蓝色，这里使用可选颜色调整。同时增强画面的自然饱和度，让天空的颜色更加鲜艳。

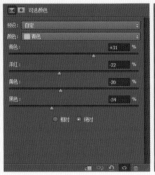

　　这时候发现画面中草地和树木还显得比较"重"，与整体风格不符，提高它们的明度，让其更加轻盈、淡雅。因为草地、树木对应的颜色是黄色，利用可选颜色工具选中颜色，然后调整黑色的浮标，让黄色的明度更高。如果效果不够强烈，可以复制一个可选颜色调整图层，因为可选颜色具有可叠加性。

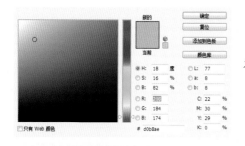

然后新建一个图层，填充颜色RGB（208，184，174）（粉色），把混合模式改为柔光，渲染画面的主色调。

最后再次利用可选颜色等工具调整天空的色彩，利用对比度工具调整画面的对比度。

在实际操作中，经常需要根据画面效果来实时调整参数，因此一些画面修正工作是很有必要的。

暗黑风格

暗黑风格照片比较适合用来表达沉重、压抑、紧迫、闷热的气氛，其画面特征是画面亮度较低，色彩偏中性，画面对比强烈，在阴天拍摄的照片比较适合处理成这种风格。例如，这里展示的是摄影师Allef V的作品。

观察上面几张照片，我们可以获取这些特征：直方图偏左，直方图最右侧没有像素，色彩偏向于黑白，画面的对比强烈，充斥着棕色色调，有暗角和噪点效果。

我们需要把这些认识转换为可操作的步骤。

- 直方图靠左—降低亮度—曲线、亮度、色阶工具等。
- 直方图最右侧没有像素—高光压缩曲线。
- 色彩偏向于黑白—饱和度低—饱和度工具等。
- 画面对比强烈—对比度、色阶工具等。
- 棕色调—色彩层+柔光混合模式。
- 暗角和噪点效果—插件添加暗角。

我们打开一张图片。

要想营造这种暗黑风格，首先得让画面有一种"重"的感觉，也就是让画面的亮度足够低，对比足够强，这样才能形成更加强烈的视觉冲击。将色阶工具中间的浮标向右滑动，让画面更加沉重。同时，降低画面的亮度，提高画面的对比度。这时候的画面相对于刚才就"重"了不少，看起来给人一种压抑的感觉。

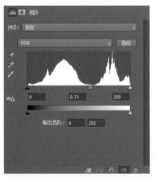

接下来调整色彩，这种风格的特征是饱和度偏低，因此需要降低画面的饱和度。我们降低画面的饱和度和自然饱和度。同时，因为画面中房子是红色的，因此需要对红色的饱和度进行专门的调整，以匹配整体的色彩效果。这时候画面就显得更加中性了。

接下来为画面渲染主色调，参考作品的画面中充满了一种棕色色调，且分布比较平均，因此考虑使用色彩层+柔光混合模式的方法。新建一个图层，填充色彩RGB（70，58，34），然后将图层的混合模式改为柔光，不透明度设为70%。这时候画面被渲染了一层棕色。

然后盖印图层，利用exposure这个插件为画面加入黑角和胶片颗粒。为了让画面中心更加突出，除了加入黑角和胶片颗粒，还可以利用exposure自带的曲线工具提亮画面。

　　最后使用一条高光压缩曲线压暗画面中的高光，让画面看起来更加有阴暗的感觉。

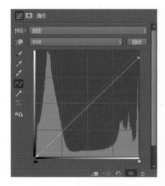

处理前后效果对比。

与"破译"对象的对比。

┃ 欧美风格

　　这种后期风格在欧美摄影网站上十分常见，其用来表达自然风格时可以给人一种安静、湿润的感觉，画面的对比强烈，通常以棕色作为主色调，例如，这里展示的是摄影师Tyler Balser的作品。

　　观察上面几张照片，我们可以获取这些特征：直方图最左边和最右边都没有像素，画面看起来很安静，画面充斥着棕色色调，画面对比比较强烈。

　　将我们观察到的画面特征转化为具体步骤。

- · 直方图最左边没有像素—低光压缩曲线。
- · 直方图最右边没有像素—高光压缩曲线。
- · 画面安静、湿润—高光压缩曲线。
- · 棕色色调—色彩层+柔光混合模式。
- · 画面对比强烈—色阶、对比度工具等。

为什么高光压缩曲线能给人一种安静、湿润的感觉呢？那是因为高光压缩曲线将画面中的纯白色消除掉了，因此画面中没有纯白色，给人的感觉就比较安静、湿润。

打开一张图片。

先调整画面的曝光。我们利用色阶工具调整画面的曝光，让画面的对比更高，亮度更低。

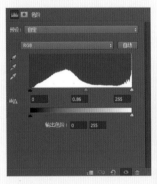

然后利用色彩层+柔光混合模式为画面渲染主色调。新建图层，填充色彩RGB（58，49，42），并把这个图层的混合模式改为柔光。

新建一条曲线，这是低光压缩曲线和高光压缩曲线的复合曲线。

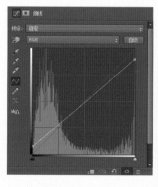

如果不喜欢高光溢出的感觉，还可以新建一个图层，填充色彩RGB（211，212，207），然后把混合模式改为变暗，这时候天空就会被这种颜色替代。因为在变暗模式下，只有比这个图层填充色彩更亮的区域才会受到影响，所以它最终只会影响到画面中的天空，而不会影响到其他区域。

处理前后效果对比。

与"破译"对象的对比。

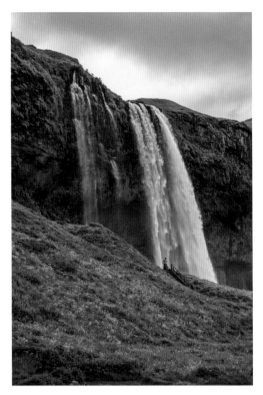

因为这张照片的整体色彩和参考图比较接近，所以没有对色彩进行较大的调整。但是如果换成这样的照片，我们就需要对色彩进行转换。

首先利用可选颜色工具对画面的色彩进行转换。

然后利用色相/饱和度工具调整画面中黄色的饱和度。我们降低黄色的饱和度，让画面的整体颜色更加中性。

再利用色彩层+柔光混合模式渲染色彩。新建图层，填充色彩RGB（99，86，67），然后把这个图层的混合模式改为柔光。

最后使用一条低光压缩曲线和高光压缩曲线的复合曲线。

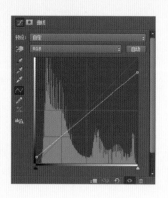

通过这两幅图的对比，可以知道，即使是达到同一种后期风格，不同照片的后期步骤也不一定是一样的，我们需要灵活运用这个后期识别体系。

潮湿风格

潮湿风格照片多见于欧美摄影论坛，其以静物为主，画面给人的感觉是比较潮湿，色彩比较艳丽，通常会存在一定的色彩倾向，整体的对比比较强烈，例如，这里展示的是摄影师Annie Spratt 的作品。

观察上面几张照片，我们可以获取这些特征：直方图最右边都没有像素，画面比较湿润，阴影"浮"着一层淡淡的蓝色色调，画面对比比较强烈，带有暗角。

将我们观察到的画面特征转化为具体步骤。

· 直方图最右边没有像素—高光压缩曲线。

· 画面比较湿润—高光压缩曲线。

- 阴影"浮"着蓝色色调—色彩层+滤色混合模式。

- 画面对比强烈—色阶、对比度工具等。

- 暗角—利用插件添加。

打开一张图片。

首先调整一下色阶值。

然后新建一个图层，填充颜色RGB（22，26，35），混合模式改为滤色。

盖印图层，然后对盖印后的图层应用exposure插件添加暗角。在添加暗角的时候，运用exposure插件的曲线工具提高画面的对比度，让画面中心部分的对比更加明显，从而让视觉焦点更加集中。

再使用一条高光压缩曲线。

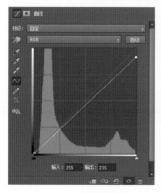

处理前后效果对比。

与"破译"对象的对比。

| 蓝调风格

　　这种后期风格属于典型的蓝调风格，其画面特征是画面看起来充斥着蓝色色调，画面给人的感觉比较干净自然，同时有一种胶片的质感。例如，这里展示的是摄影师Annie Spratt的作品。

　　观察上面几张照片，我们可以获取这些特征：直方图最左边没有像素，画面充斥着蓝色色调，画面对比比较强烈。

　　将我们观察到的画面特征转化为具体步骤。

- 直方图最左边没有像素—低光压缩曲线。
- 蓝色色调—色彩层+柔光混合模式。
- 画面对比强烈—色阶、对比度工具等。

打开一张图片。

首先提高画面的对比度，让画面对比更加明显。因为只使用一次对比度无法达到需要的效果，因此叠加了一个对比度效果，参数为26。

这时候画面中出现了明显的蓝色，这种蓝色并不是我们需要的蓝色，这个是我们事先没有预料到的状况，这也是在后期"破译"中经常会遇到的一个问题。因此，我们一定要找到有效的方法去应对这些意外。

因此，针对这种情况，就需要增加一个额外的步骤去消除这些蓝色。我们使用色相/饱和度工具降低蓝色的饱和度，消除这种蓝色的影响。

然后新建一个图层，填充色彩RGB（39，84，117），并把混合模式改为柔光。

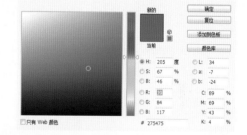

新建一个曲线工具，使用低光压缩曲线。

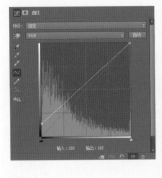

如果这时候觉得画面还不够通透，可以再使用对比度工具通透一下画面。

这里之所以用了低光压缩曲线之后，又用了对比度曲线，原因如下。

首先，前面所讲的步骤只是一般情况下的参考流程，并不是绝对固定的，具体图片需要具体分析后期步骤。

其次，这里先使用低光压缩曲线，可以让直方图的左端点向右移动。而提高对比度可以让直方图向两边移动。我们这里使用的参数虽然可以让直方图向两边移动，但还没有让直方图的左端点回到最左边，因此也拥有了一定的低光缺失效果，只不过这个效果相较于使用之前抵消了一部分而已。

处理前后效果对比。

与"破译"对象的对比。

逆光风格

　　逆光风格照片通过留白和光线的处理，给人一种禅意，能够让人感觉到一种平和的力量，其画面特征多比较自然，整体亮度较高，画面比较淡雅，有时候会添加一些色偏。例如，这里展示的是摄影师Rodion Kutsaev和摄影师Kari Shea的作品。

　　通过观察上面几张照片，我们可以获取这些特征：直方图靠右，画面看起来比较通透，画面有比较强烈的光线感，后两张照片画面还充斥着明显的蓝色。

　　将我们观察到的画面特征转化为具体步骤。

- 直方图靠右—提高亮度——曲线、亮度、色阶工具等。
- 画面通透—色阶、对比度工具等。
- 光线感—渐变工具或者插件等。
- 蓝色—色彩层+柔光混合模式。

打开一张图片。

首先利用曲线工具调整画面的曝光。这一条曲线可以在提亮画面的同时提高画面的对比度。

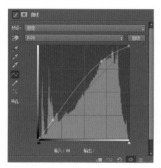

接下来是营造光线感，我们可以通过很多种途径来营造光线感，例如，渐变工具，或者使用插件lightfactory来模拟光效。在这里新建一个图层，然后利用渐变工具拉一个从白色到无色的径向渐变，营造

光线感。对于比较简单的光环境，可以通过这种渐变的方法来实现这种效果。对于比较复杂的光环境，例如，落日场景，建议使用lightfactory来模拟光效，这样会更加自然和真实。

然后新建一个图层，填充颜色RGB（129，170，186），混合模式改为柔光，不透明度设为68%。

最后可以通过对比度工具来提升画面的通透程度。

处理前后效果对比。

与"破译"对象的对比。

暗光海洋

　　暗光海洋的画面风格十分中性，画面氛围沉稳而严肃，海洋呈现出黑色的质感，与我们常见的海洋色彩大相径庭，具有十分独特的画面吸引力。例如，这里展示的是摄影师Tobias van Schneider和Mike Yukhtenko的摄影作品。

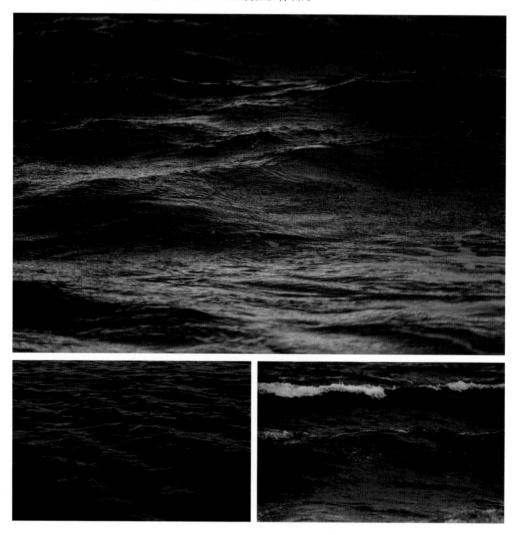

　　通过观察画面可以发现，这种风格照片的亮度普遍都很低，画面的饱和度也很低，但并不是黑白照片。

　　对于是否是黑白照片的判断，有两个方式。一是把图像转换为黑白，如果眼睛能够感受到色彩上的变化，那就说明这张照片不是黑白照片；另一个方法就是观察直方图。

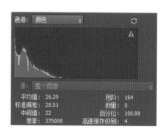

如果在颜色直方图下面不是只有一个直方图，那么说明这张照片就不是黑白照片。黑白照片的颜色直方图是这样的。

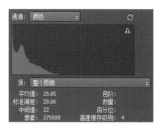

我们要把这些认识转换为可操作的步骤。

· 饱和度很低—饱和度、可选颜色、色相工具等。

· 亮度很低—曲线、亮度、色阶工具等。

· 直方图最右边没有像素—高光压缩曲线。

打开一张图片。

如果只降低饱和度，大海并没有那种严肃、深沉的感觉。

因此需要利用色相/饱和度工具同时调整饱和度和明度。

然后利用柔光混合模式为画面渲染色彩。新建图层，填充颜色RGB（32，33，37），并把混合模式改为柔光。因为这种风格自身的饱和度很低，所以画面色彩效果并不是很明显。因为柔光模式不仅可以渲染色彩，还具有曝光的跟随性，所以它让曝光更接近模拟对象的曝光，可以看到，这里的曝光就受到了柔光混合模式的影响。

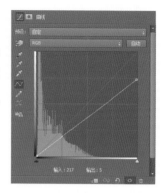

　　然后再使用一条高光压缩曲线，让画面亮度更低。经过这样的调整，就完成了暗光海洋的效果。我们还可以利用这种方式打造中性灰的风光照片，最终会呈现出黑暗森林般的质感。

处理前后效果对比。

与"破译"对象的对比。

明度建筑

明度建筑是指画面的质感十分强烈，光影效果十分突出的黑白建筑摄影，这种表现方式能够很好地突出建筑物的结构美，并且能够迅速吸引观众的视觉焦点。例如，这里展示的是摄影师Markus–Christ、Elijah Flores、Padurariu Alexandru的摄影作品。

对于这种光影效果十分突出的画面，我们第一时间就应该想到D&B的后期手法。

打开一张图片。

制作这种明度建筑后期风格的时候，最好选用在阴天拍摄的建筑物，这样才能更好地重构画面光影。首先把照片改为黑白，然后提亮一张，压暗一张，对提亮的图层应用蒙版（当然也可以把压暗的图层放在上面，然后对其应用蒙版）。

在进行具体的操作之前，要先确定一个高光点，也就是画面的光源从哪里来，这样才方便安排后面的光影关系。例如，我们在这幅照片中选择画面的中心为高光点，先分析一下建筑物的光影关系。因为我们把高光点确定在画面的中间，所以1、

2、3、4这几个面的高光部分集中在上半部分。而5、6、7、8这几个面位于高光的侧面，所以它们的高光部分应该是在建筑物的转角处。我们在重构光影的时候就按照这样的亮度分布来进行。

先将1~8这8个区域分别抠图，然后命名。例如，针对区域1，我们建立一个从白色到黑色的渐变，让建筑物的上半部分显示提亮的图层，下半部分显示压暗的图层。

这样就能制作一个光影上的过渡，我们可以根据自己的需要调整渐变的具体方式和程度。同理，我们对其他几个区域采取同样的操作，这里需要注意的是，5、6、7、8的渐变效果要以建筑物的拐角处为中心，效果如下图所示。在画面右上角的建筑物旁边还有一栋若隐若现的建筑物，由于我们提亮之后，这栋建筑物的轮廓已经基本上看不清了，因此将其删掉会更好。

接下来需要制作长曝光的云层效果。找到一张云朵的图片，将其改为黑白照片，然后对其使用动感模糊，使其具有长曝光的形态。这里有一个细节，在对云层应用动感模糊之前，我们一般可以先调低画面的Gamma值，因为云层一般是比较偏亮的，但是这里需要的是暗调效果。

然后把云朵与渲染后的光照图融合，将建筑物抠出，再把云层放在下面。

接下来降低画面的Gamma值，提高画面的对比度，增强画面的明暗对比。

我们还可以根据自己的需要对画面进行进一步的调整，例如，利用色彩层+颜色混合模式将其制作成单色图片。

对于明度建筑风格的制作，最为关键的是光影的重构，而光影重构的第一步是确定高光点，然后确定画面的高光与阴影区域。结合前面在D&B那一节讲解的基础光影关系，相信明度建筑风格也是比较容易掌握的。

处理前后效果对比。

与"破译"对象的对比。

第5章　后期数据库

　　本章列举了一些实用的后期数据供读者查询，它主要分为两个部分。

　　第一部分是对本书所讲解的部分后期工具的用法总结，如可选颜色工具、曲线工具、直方图工具等，我们通过图表的方式展现出来，以方便大家更好的进行对比。

　　第二部分是常用的后期术语汇总。在这一部分里面，我们对最为常用的后期术语例如色温、饱和度、对比度等词汇进行了解释，以方便读者随时查询。同时为了帮助后期初学者更快的理解这些术语，我们还对比较复杂的工具制作了图例演示，以降低理解这些后期术语的难度。

可选颜色查询表

画面效果：比较适用于风光类照片，可以让画面中的草地、树木等更加翠绿。

画面效果：比较适用于风光类照片，可以让画面中的草地、树木等显现出红色，特别适合调整枫树等红色类物体。

画面效果：比较适用于风光类照片，可以让画面的草地、树木等显现出黄色，特别适合增强秋色。

画面效果：适用范围广泛，可以用于模拟胶片、复古、日系等效果。

画面效果：比较适用于人像类照片，可以用来纠正人像摄影中的红色色偏和黄色色偏。

画面效果：比较适用于人像类照片，可以使人物的皮肤更加通透。

画面效果：比较适用于人像类照片，可以用来纠正人像摄影中的红色色偏。

画面效果：比较适用于风光类照片，可以增强天空的蓝色。

画面效果：比较适用于风光类照片，可以让天空呈现出青色，类似雨后初晴的天空。

画面效果：比较适用于风光类照片，可以让天空呈现出紫色，比较适合用来调整傍晚的天空。

画面效果：比较适用于风光类照片，可以让天空呈现出平和、稳重的色彩。

曲线查询表

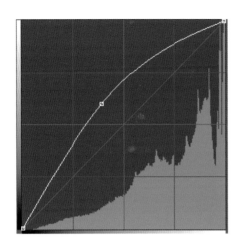

提亮曲线：这条曲线可以提高画面的亮度，让画面更加明亮。

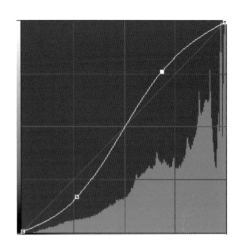

高对比曲线：这条曲线可以提高画面的对比度，让画面更加通透，但是会让画面的细节相对损失。

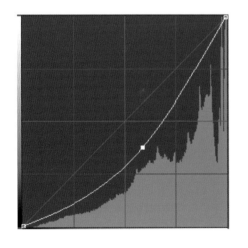

压暗曲线：这条曲线可以降低画面的亮度，让画面更加昏暗。

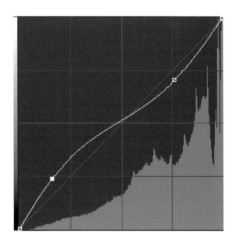

低对比曲线：这条曲线可以降低画面的对比度，让画面呈现出更多的细节，但是会让画面发灰。

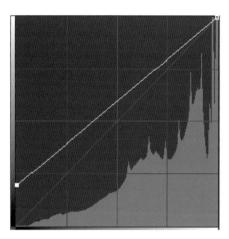

低光压缩曲线：这一条曲线可以为画面加
上一层白色，让画面具有一种空气感，它
可以消除画面中的纯黑部分，让画面的最
左端右移，整个直方图就像被向右压缩了
一般。

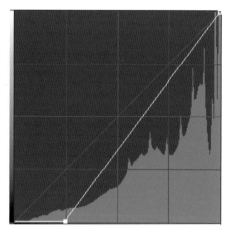

低光拉伸曲线：这一条曲线可以让画面在
变暗的同时增加画面的对比度，让直方图
看起来像被向左拉伸了一般。

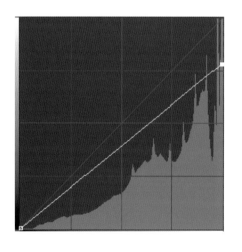

高光压缩曲线：这一条曲线可以消除画面
中的纯白部分，让画面更加安静、油润，
它让画面的最右端左移，整个直方图就像
被向左压缩了一般。

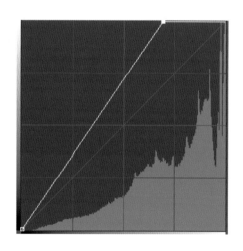

高光拉伸曲线：这一条曲线可以让画面在
变亮的同时增加画面的对比度，让直方图
看起来像被向右拉伸了一般。

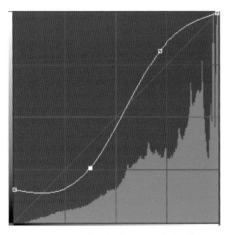

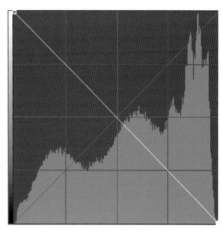

胶片曲线：这一条曲线可以在提高画面对比度的同时增强画面的空气感，广泛应用在模仿胶片风格的后期中。

反相曲线：这一条曲线可以让画面呈现出反相的效果。

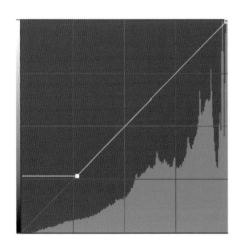

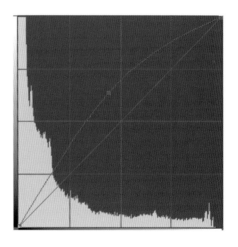

直角曲线：这一条曲线可以在降低画面亮度、增加画面对比度的同时，消除画面中的纯黑色，让画面有一种胶片的质感，比较适用于欧美系的摄影风格。

红色提亮曲线：这一条曲线可以为画面加入红色。

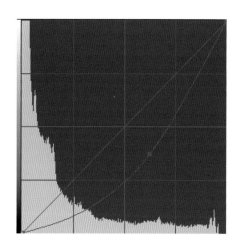

红色压暗曲线：这一条曲线可以为画面加入青色。

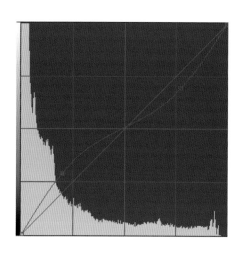

红色低对比曲线：这一条曲线可以为画面中的较亮部分加入青色，较暗部分加入红色。

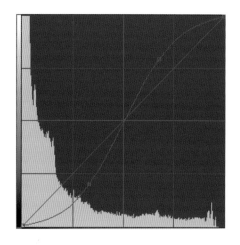

红色高对比曲线：这一条曲线可以为画面中的较亮部分加入红色，较暗部分加入青色。

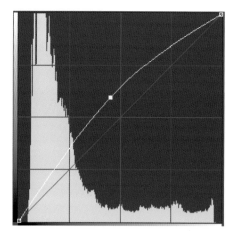

绿色提亮曲线：这一条曲线可以为画面加入绿色。

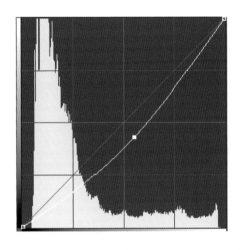

绿色压暗曲线：这一条曲线可以为画面加入洋红色。

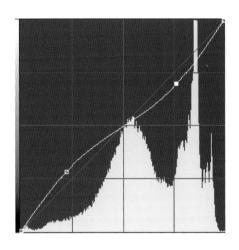

绿色低对比曲线：这一条曲线可以为画面中的较亮部分加入洋红色，较暗部分加入绿色。

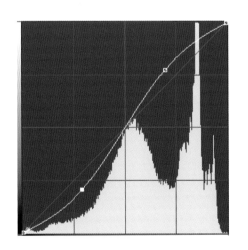

绿色高对比曲线：这一条曲线可以为画面中的较亮部分加入绿色，较暗部分加入洋红色。

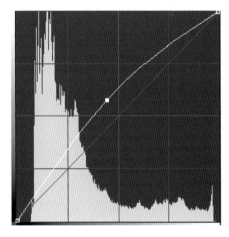

蓝色提亮曲线：这一条曲线可以为画面加入蓝色。

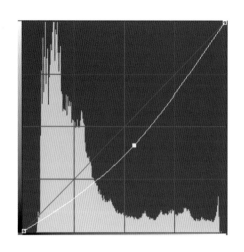

蓝色压暗曲线：这一条曲线可以为画面加
入黄色。

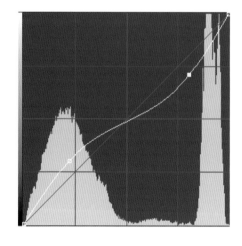

蓝色低对比曲线：这一条曲线可以为画面
中的较亮部分加入黄色，较暗部分加入蓝
色。

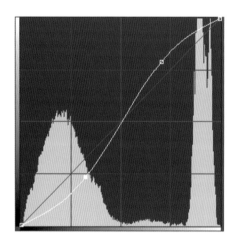

蓝色高对比曲线：这一条曲线可以为画面
中的较亮部分加入蓝色，较暗部分加入黄
色。

高亮直方图：如果图片像素主要集中在直方图的右边，说明这张照片的亮度比较高，我们可以通过提亮曲线、滤色混合模式等方法去实现这样的画面效果。

高光缺失直方图：如果直方图的最右边没有像素，说明这张照片没有纯白色的部分，我们可以通过高光压缩曲线来实现这样的画面效果。

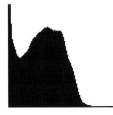

昏暗直方图：如果图片像素主要集中在直方图的左边，说明这张照片的亮度比较低，我们可以通过压暗曲线、正片叠底混合模式等方法去实现这样的画面效果。

高对比直方图：如果照片像素集中在直方图的两端，说明这张照片的对比度比较高，我们可以通过高对比曲线来实现这样的画面效果。

低光缺失直方图：如果直方图的最左边没有像素，说明这张照片没有纯黑色的部分，我们可以通过低光压缩曲线来实现这样的画面效果。

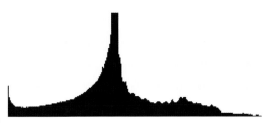

低对比直方图：如果照片像素集中在直方图的中间，说明这张照片的对比度较低，我们可以通过低对比曲线来实现这样的画面效果。

HDR直方图：如果像素在整个图片都有分布，然后在中间分布较多，整体呈现出一个三角形时，可以考虑是HDR直方图。

高低光压缩直方图：如果像素在直方图的最左端和最右端都没有分布，我们可以通过使用低光压缩曲线和高光压缩曲线得到这种效果。

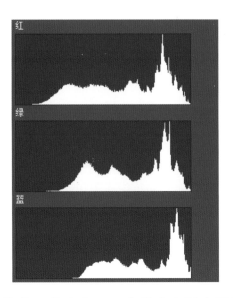

阶梯状通道直方图：这种直方图表示画面中没有纯黑部分，其对应的画面效果我们可以考虑使用色彩层+滤色混合模式达到。

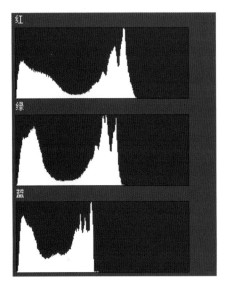

阶梯状通道直方图：这种直方图表示画面中没有纯白部分，其对应的画面效果我们可以考虑使用色彩层+正片叠底混合模式达到。

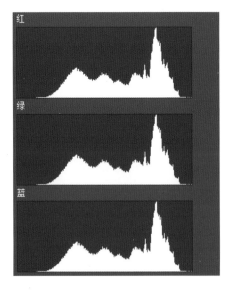

黑白直方图：当红、绿、蓝3个通道在直方图的形态完全一致时，表明这是一张黑白照片。

名称	操作	作用
变暗混合模式	色彩层 + 变暗混合模式	可以用来渲染天空的色彩，因为变暗混合模式是将色彩层与原图层对应像素的所有通道——进行比较，然后分别取较小值，所以它能够产生超出色彩层与原图层之外的新色彩

名称	操作	作用
深色混合模式	色彩层 + 深色混合模式	可以用来渲染天空的色彩，因为深色混合模式是把色彩层与原图层中对应的像素作为一个整体进行比较，然后取较暗的那一个像素，所以它不会产生超出色彩层与原图层之外的新色彩

名称	操作	作用
正片叠底 混合模式	复制原图层，然后把复制图层的混合模式改为正片叠底	降低原图层的亮度
	色彩层+ 正片叠底混合模式	降低画面亮度的同时渲染画面色彩
	不同图片融合	制作多重曝光效果

名称	操作	作用
滤色混合模式	复制原图层，然后把复制图层的混合模式改为滤色	提高原图层的亮度
	色彩层+滤色混合模式	提高画面亮度的同时渲染画面色彩
	高斯模糊	让画面产生发光效果
	选区+高斯模糊	让部分画面产生发光效果
	不同图片融合	多重曝光效果

名称	操作	作用
柔光混合模式	复制原图层，然后把复制图层的混合模式改为柔光	提高原图的对比度
	色彩层+柔光混合模式	渲染原图的色彩，画面亮度变化与色彩层的亮度有关
	中性灰图层+柔光混合模式	可以用来磨皮，重构光影结构等
	高反差保留+柔光混合模式	可以用来增强画面的质感

名称	操作	作用
颜色混合模式	色彩层+颜色混合模式	可以用来制作单色照片风格或者渲染画面色彩，在渲染画面色彩的时候它不会改变画面的亮度
	色彩区域	可以用来为黑白照片上色

名称	操作	作用
色相混合模式	色彩层+色相混合模式	可以用来渲染照片色彩，但对黑白照片或照片中的黑白区域无效

名称	操作	作用
明度混合模式	黑白图层+明度混合模式	可以用来传导图层亮度信息

色彩

（1）色温：通过调整色温，我们可以让画面偏冷（蓝色）或偏暖（黄色）。

色温是指光源的辐射在可见光区和绝对黑体的辐射完全相同时，黑体的温度就称此光源的色温。

（2）色调：可以让画面偏绿色或偏紫色。

（3）饱和度：调整画面色彩的鲜艳程度，它的效果相较于"自然饱和度"更加剧烈。把数值提高到过大时，可能会导致画面过于艳丽，出现色彩溢出等不正常现象。当把饱和度的数值降低到最低时，画面会变成黑白照片。

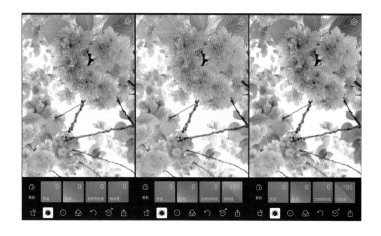

（4）自然饱和度：调整画面色彩的鲜艳程度，它可以视为"智能饱和度"。即使我们把自然饱和度的数值提高到最大，画面也不会过度艳丽。即使我们把自然饱和度的数值降到最低，画面一般也还会有一些色彩信息，不会变成黑白照片。

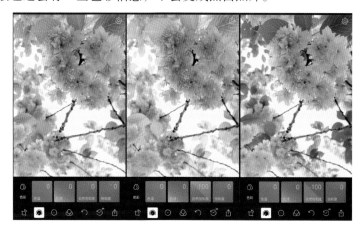

光效

（1）去雾：消除画面中的雾霾。

（2）曝光：通过调整曝光可以调整画面的明亮程度。曝光是指光线与传感器或胶片等感光介质发生反应的过程。它与快门速度、光圈大小、感光度、环境光等因素有着密切的联系。通过后期调整曝光选项可以帮助照片获得正确的曝光。例如，当照片比较昏暗时，可以通过提高曝光的方式让照片变得明亮，但是如果增加曝光度超过一定的限度，会让画面的噪点显示出来，照片质量会有所下降。

（3）Gamma：通过Gamma值可以调整画面的灰度，它可以让画面的细节更加丰富，也可以让画面更加通透。提高gamma值的效果类似于同时提高亮度和降低对比度，降低Gamma值的效果类似于同时降低亮度和提高对比度。

（4）对比度：提高对比度可以让画面变得更加鲜艳、通透，但相应地会损失掉一些细节。降低对比度可以让画面的细节更加丰富，但是会让照片显得沉闷、发灰。

质感

（1）清晰度：通过调整可以提高画面的清晰程度，让画面拥有更强的质感，或者修整一些模糊、失焦的照片。

（2）降噪：用来降低照片中出现的噪点，包括颜色噪点和明度噪点，通过降噪处理，可以让画面看起来更加干净自然。

畸变

（1）镜头畸变：镜头畸变是因为镜头自身原因导致出现的图形畸变，例如，将直线场景拍成了曲线，我们可以利用镜头畸变矫正工具来修复这种畸变，让画面更加真实。同时，也可以利用镜头畸变矫正工具来制造夸张的画面效果。

（2）透视畸变：我们人眼在观察事物的时候，因为眼球结构的原因，近处的物体会显得比较大，远处的物体会显得比较小，相机也是如此。因此当我们仰拍一栋楼房的时候，会产生底部大，楼顶小的视觉效果，这就是透视畸变。

HSL

HSL是指色彩的3个基本属性：色相、明度、饱和度，利用HSL工具可以调整色彩的这3个属性。

色相：色相是颜色的首要特征，是区别各种不同色彩的最准确的标准，例如，红色、黄色、绿色等。

饱和度：饱和度是指色彩的鲜艳程度，也称色彩的纯度。饱和度越高，颜色越鲜艳，越能吸引人的注意力，越具有冲击力。饱和度越低，颜色越中性，越柔和，给人一种平和的感觉。

明度：即一种颜色的明亮程度。明度越高，颜色越明亮。明度越低，颜色越深沉。

曲线工具

利用曲线工具，我们可以调整画面的曝光和色彩。

渐变滤镜

利用渐变滤镜可以做出线性的渐变效果。例如，在处理海洋主题照片的时候，因为天空比较亮，我们使用一个渐变滤镜去降低天空的亮度，让天空呈现出更多的细节，因为是一个渐变滤镜，所以地面的亮度不会受到影响，这样能够实现一个更好的平衡。

径向滤镜

利用径向滤镜可以实现由中央向四周（或者由四周向中央）调整的效果，我们可以利用径向渐变滤镜让画面的视觉焦点更加集中。

内 容 提 要

这是一本不一样的摄影后期书。它特别在哪儿？简而言之，就是本书讲的是后期"反向破译"技术：通过观察别人的后期，推测出他的后期手法，然后运用到自己的摄影作品中去。也就是说你碰到的"高手"越多，你自己的提升速度也会越快。

那么我们应该该怎样掌握这一项技术呢？那就不得不提到这本书的写作思路和体系安排了。第1章，我们将了解到各种各样的画面特征，以建立起庞大的后期数据库。第2章，我们将学习到许多后期工具的用法及一些高级的修图技巧，以快速提升自己的修图功力，内功的修炼能够帮助我们达到融会贯通的境界，而不再拘泥于具体的画面效果。第3章，我们将使用修炼的内功，把第1章列举的典型画面特征一一进行解析，即获取这些典型画面特征后面的具体修图步骤，并将这些修图技巧运用到自己的摄影作品中。第4章，我们将通过具体的实战来感受后期"破译"的过程，从而更加完整地体验这个思维过程，同时也加深对前面所学知识的认识。第5章列举了一些实用的后期数据供读者查询。

通过阅读这本书，你可以获得传说中的"吸星大法"。从此以后看到任何风格的摄影作品，你都可以"反向破译"它的后期过程，然后为你所用。

图书在版编目（CIP）数据

从后期到后期 / 叶明著. — 北京 ： 北京大学出版社，2017.2
ISBN 978-7-301-27901-4

Ⅰ. ①从… Ⅱ. ①叶… Ⅲ. ①数字照相机－图象处理 Ⅳ. ①TP391.413

中国版本图书馆CIP数据核字(2016)第314228号

书　　　名	从后期到后期
	CONG HOUQI DAO HOUQI
著作责任者	叶明　著
责 任 编 辑	尹毅
标 准 书 号	ISBN 978-7-301-27901-1
出 版 发 行	北京大学出版社
地　　　址	北京市海淀区成府路205 号　　100871
网　　　址	http://www. pup. cn　　新浪微博:@ 北京大学出版社
电 子 信 箱	pup7@ pup. cn
电　　　话	邮购部62752015　发行部62750672　编辑部62580653
印 刷 者	三河市博文印刷有限公司
经 销 者	新华书店
	787毫米x1092毫米　　16开　　18.25印张　　348千字
	2017年2月第1版　　2021年12月第5次印刷
册　　　数	13501-15000册
定　　　价	98.00元